彩图 1　叶片取样

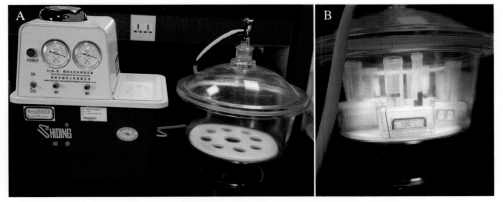

A. 循环水式多用真空泵和改装的干燥器；B. 抽气时的干燥器

彩图 2　循环水式多用真空泵抽气装置

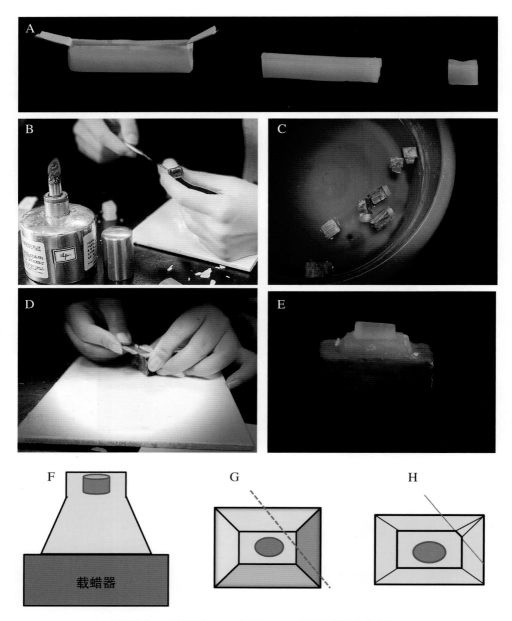

A. 去掉纸盒，分割蜡块；B. 粘蜡块；C. 粘好的蜡块在水中冷却；
D. 精修蜡块；E. 精修好的蜡块；F. 蜡块粘贴在载蜡器上侧面观；
G. 蜡块正面观，以材料为中心上下边平行，切掉一角；
H. 蜡块切掉一角后的正面观
彩图 3　修蜡块过程

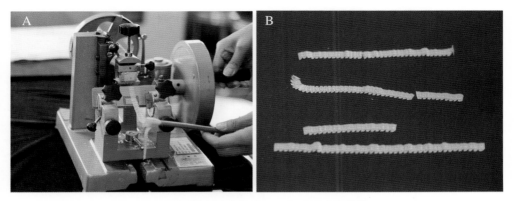

A. 连续摇转切片机切片；B. 切片形成的蜡带

彩图 4　切片

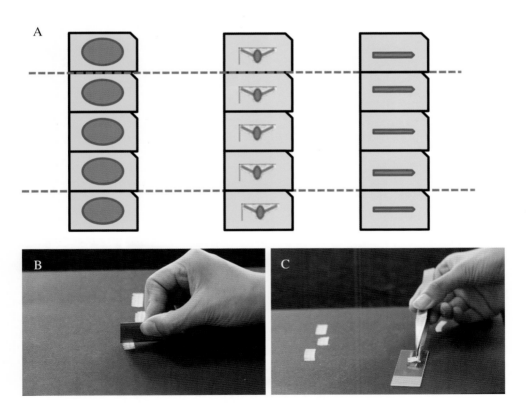

A. 切好的蜡带示意图；B. 分割蜡带；C. 粘片

彩图 5　分割蜡带和粘片

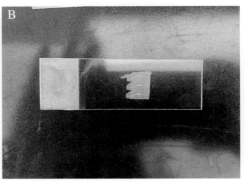

A.烤片机上面烤片；B.展片后的切片

彩图6　展片

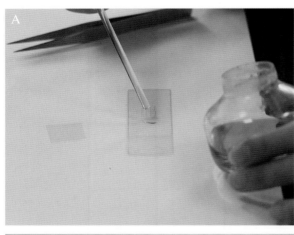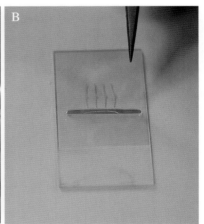

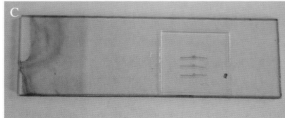

A.滴1~2滴加拿大树胶到材料一侧；　B.盖上盖玻片；
C.封片后展示；　D.加拿大树胶；　E.95%乙醇浸泡的盖玻片

彩图7　加拿大树胶封片

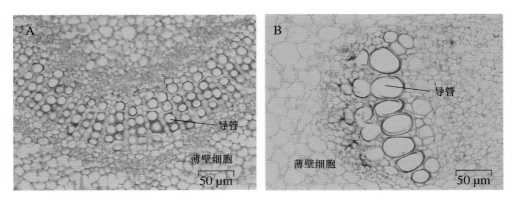

A. 夹竹桃叶片横切片，叶脉木质部的导管被染为红色，薄壁细胞初生壁被染为绿色；
B. 向日葵茎的维管束，木质部导管被染为红色，薄壁细胞初生壁被染为绿色

彩图 8　石蜡切片番红固绿染色

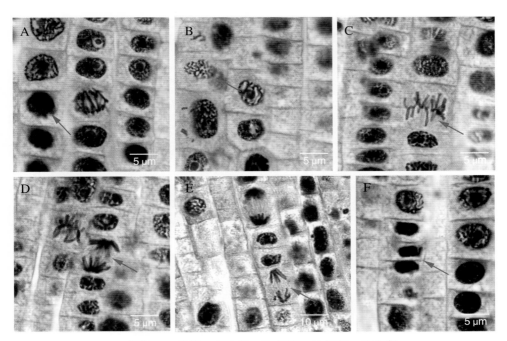

A. 间期；　B. 前期；　C. 中期；　D. 后期；　E. 后期；　F. 末期

彩图 9　大蒜根尖不同时期分裂象铁矾苏木精染色

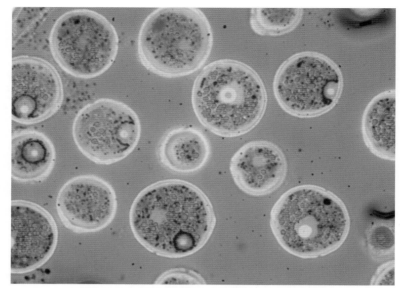

彩图 10　蓖麻花粉粒中淀粉和脂类的分布
(蓖麻花粉中淀粉多糖被染为红色，脂类被染为黑色)

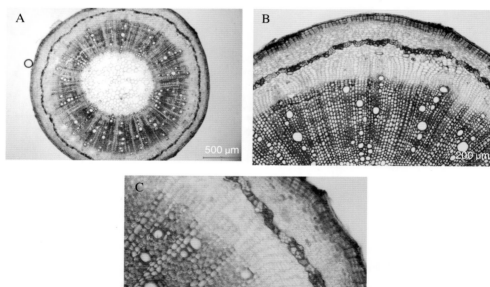

彩图 11　4 倍物镜 (A)，10 倍物镜 (B) 和 40 倍物镜 (C) 下鱼藤茎横切面

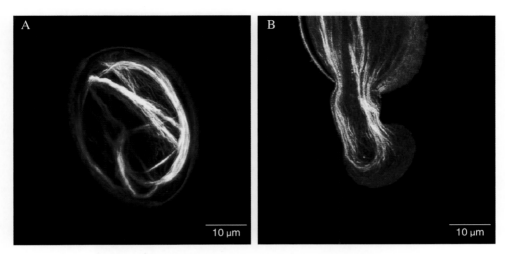

A. 花粉内微丝网络；B. 微丝在花粉管内呈环绕方式排列

彩图 12　TRITC-phalloidin 荧光标记川百合花粉及花粉管内微丝分布

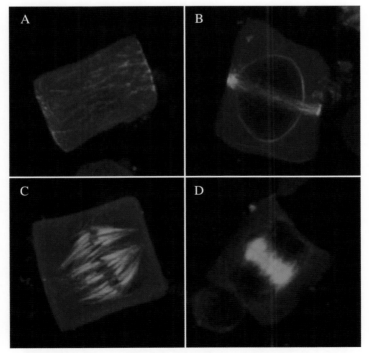

A. 间期周质微管；B. 早前期微管带；C. 中期纺锤体微管；D. 末期成膜体微管

彩图 13　FITC-tubulin 抗体直接免疫荧光标记大蒜根尖分生细胞微管分布

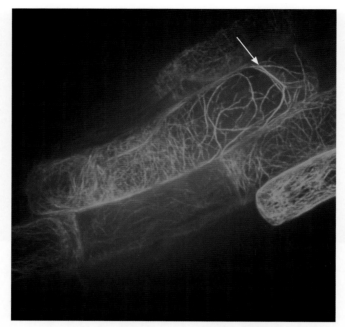

彩图 14　拟南芥 GFP-ABD2-GFP 转基因根细胞内微丝束

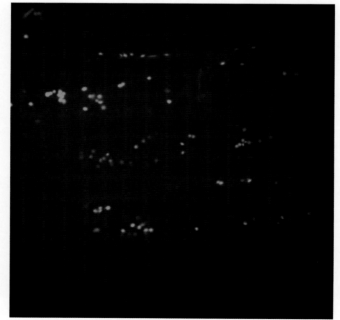

彩图 15　拟南芥 NAG-GFP 转基因根细胞内高尔基体分布

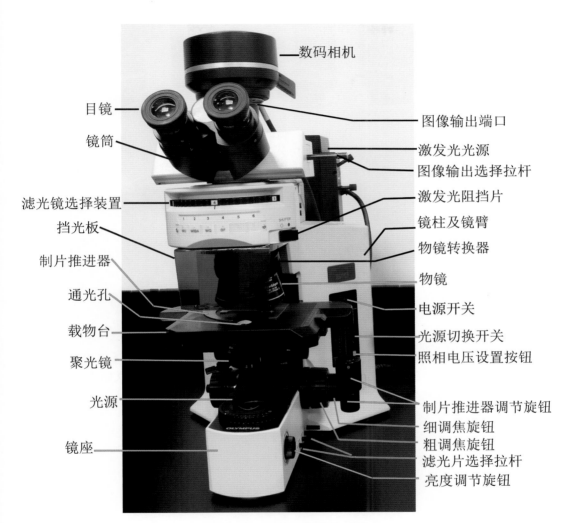

数码相机

目镜

镜筒

滤光镜选择装置

挡光板

制片推进器

通光孔

载物台

聚光镜

光源

镜座

图像输出端口

激发光光源

图像输出选择拉杆

激发光阻挡片

镜柱及镜臂

物镜转换器

物镜

电源开关

光源切换开关

照相电压设置按钮

制片推进器调节旋钮

细调焦旋钮

粗调焦旋钮

滤光片选择拉杆

亮度调节旋钮

彩图 16　研究用显微镜结构

彩图 17　物镜及参数

彩图 18　10 倍物镜 (A) 和 40 倍物镜 (B) 下观察椴树茎横切永久制片

彩图 19　暗场显微镜观察马铃薯淀粉粒，仅见外部轮廓

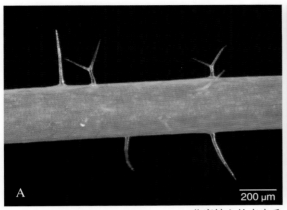

A. 花序轴上的表皮毛；B. 花

彩图 20　体视显微镜观察到的拟南芥

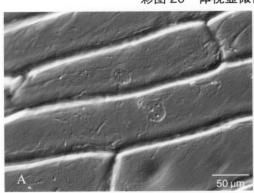
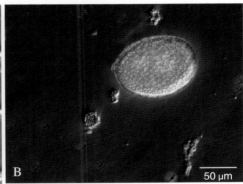

A. 洋葱鳞叶表皮撕片；B. 百合成熟花粉粒装片

彩图 21　浮雕相衬观察效果

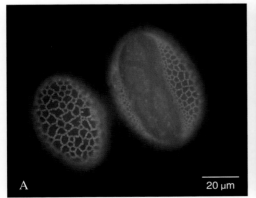
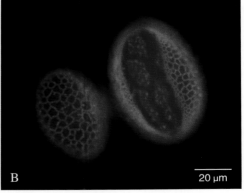

A. 蓝色激发光, 百合花粉粒外壁自发荧光；B. 绿色激发光, 百合花粉粒外壁自发荧光

彩图 22　荧光显微镜观察效果

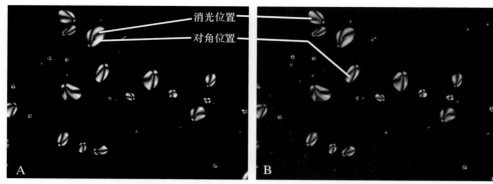

消光位置

对角位置

A. 正交镜检下的淀粉粒；B. 加入石膏补偿片后的观察效果

彩图 23　偏光显微镜下的马铃薯淀粉粒

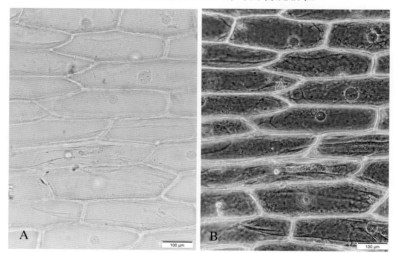

A. 普通明场光学显微镜下观察到的洋葱鳞叶表皮细胞；
B. 相差显微镜下观察到的同样的洋葱鳞叶表皮细胞，细胞核、细胞器等
呈现明中之暗的清晰结构

彩图 24　明场显微镜和相差显微镜观察效果对比

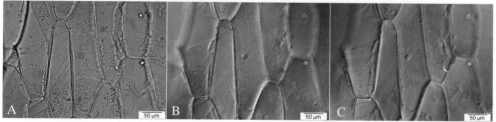

A. 普通明场光学显微镜下观察到的洋葱鳞叶表皮细胞；
B 和 C. 微分干涉差显微镜下观察到的同样的洋葱鳞叶表皮细胞，细胞核、细胞器等
呈现浮雕感的清晰结构，旋转上诺马斯基棱镜的移动旋钮后呈现的效果不同

彩图 25　明场显微镜和微分干涉差显微镜观察效果对比

普通高等教育"十四五"规划教材

生物科学类专业系列教材

植物显微技术实验教程

李　岩　刘朝辉　许会敏　编著

中国农业大学出版社

·北京·

内 容 简 介

本书是在植物显微技术实验指导自编教材的基础上,结合近年的授课与实验经验编写而成的。本书除包含植物制片技术、研究用光学显微镜和显微摄影技术等基本内容外,还增加了荧光蛋白标记技术、超分辨率荧光显微镜、单分子荧光显微镜及相干拉曼散射显微术等显微技术新进展介绍,并且增加了大量相关图片。本书图文并茂,提升了使用效果。本书既可作为植物显微技术相关课程的实验教学用书,也可作为教师和研究生在植物制片和光学显微镜观察等相关研究工作中的参考用书。

图书在版编目(CIP)数据

植物显微技术实验教程/李岩,刘朝辉,许会敏编著.--北京:中国农业大学出版社,2022.7

ISBN 978-7-5655-2776-0

Ⅰ.①植… Ⅱ.①李… ②刘… ③许… Ⅲ.①生物显微镜-实验-高等学校-教材 Ⅳ.①TH742.1-33

中国版本图书馆 CIP 数据核字(2022)第 086297 号

书　　名	植物显微技术实验教程		
作　　者	李 岩 刘朝辉 许会敏 编著		
策划编辑	赵 中 赵 艳	责任编辑	赵 艳
封面设计	郑 川		
出版发行	中国农业大学出版社		
社　　址	北京市海淀区圆明园西路 2 号	邮政编码	100193
电　　话	发行部 010-62733489,1190	读者服务部	010-62732336
	编辑部 010-62732617,2618	出 版 部	010-62733440
网　　址	http://www.caupress.cn	E-mail	cbsszs@cau.edu.cn
经　　销	新华书店		
印　　刷	北京鑫丰华彩印有限公司		
版　　次	2022 年 7 月第 1 版　 2022 年 7 月第 1 次印刷		
规　　格	170 mm×228 mm　16 开本　6.5 印张　95 千字　彩插 6		
定　　价	26.00 元		

图书如有质量问题本社发行部负责调换

前　言

　　显微技术主要包括制片技术和显微镜观察与摄影技术。制片技术是生命科学研究的重要技术，是正确进行显微观察与摄影的基础。显微镜有多种类型，是生命科学研究的重要仪器，显微镜的发展在很大程度上促进了人们对生命现象的认识。显微技术的进步，是推动生命科学发展的重要动力。

　　光学显微镜是人类探索微观世界的光学精密仪器。近年来，光学显微技术领域取得了令人瞩目的进展。荧光蛋白标记技术使活细胞内蛋白分子的标记变得简单，极大地推动了活细胞内特定分子荧光标记与观察在生命科学领域中的应用，该技术发现者下村修（Osamu Shimomura）、沙尔菲（Martin Chalfie）和钱永健（Roger Y. Tsien）获得了 2008 年诺贝尔化学奖。主动制冷电荷耦合器件（cooled-CCD）在光学显微镜中的应用，使捕捉和拍照微弱荧光成为可能，为观察荧光标记分子的快速运动提供了条件，电荷耦合器件发明人博伊尔（Willard S. Boyle）和史密斯（George E. Smith）获得了 2009 年诺贝尔物理学奖。共焦激光扫描显微镜的出现明显提高了荧光图像的拍照质量，在共焦显微镜基础上对荧光衍射极限的突破，使超分辨率荧光观察成为可能，超分辨率荧光观察技术发明人黑尔（Stefan W. Hell）、贝齐格（Eric Betzig）和莫纳（William E. Moerner）获得了 2014 年诺贝尔化学奖。以上三方面光学显微技术进展的结合，使直接在荧光显微镜下观察活细胞内单分子的分布、动态及相互作用成为可能，这极大地推动了生命科学研究的发展。

　　中国农业大学《植物显微技术》课程创建于 1963 年，其主要内容包括植物

制片技术、研究用光学显微镜和显微摄影技术三部分。该课程曾被评为中国农业大学研究生重点建设课程,课程的教学改革两次获得校级教学成果奖。近年来,针对光学显微技术的快速发展,我们先后将半薄切片制片技术、荧光标记技术、荧光蛋白标记技术、共焦激光扫描显微镜及超分辨率荧光显微镜等内容引入课程的讲授与实验,使课程内容紧跟科学技术日新月异的进展。

本实验教程是在植物显微技术实验指导自编教材的基础上,结合近年的授课与实验经验编写而成的。本书除包含植物制片技术、研究用光学显微镜和显微摄影技术等基本内容外,还增加了荧光蛋白标记技术、超分辨率荧光显微镜、单分子荧光显微镜及相干拉曼散射显微术等显微技术新进展的介绍,并且增加了大量相关图片;本书图文并茂,提升了使用效果。本书既可作为植物显微技术相关课程的实验教学用书,也可作为教师和研究生在植物制片和光学显微镜观察等相关研究工作中的参考用书。

编　者

2021 年 12 月

目 录

植物显微技术实验教程

第一章　植物制片技术

　　制片技术是生物科学研究领域必不可少的研究手段。虽然人类很早就开始认识并研究自然界中的植物,但起初只限于对植物的种类、外部形态以及生长发育等方面的观察和研究。直到 17 世纪中叶显微镜被发明之后,人类有条件能够对植物体内部结构进行观察与研究。到了 19 世纪,工业革命促进了物理学和化学的发展,也带动了显微技术的大发展,显微镜的种类越来越多,结构越来越精密,用途越来越广泛,在生命科学研究中的作用也越来越重要。

　　光学显微镜对其可观察的材料有严格的要求。首先要薄而透光,并且有足够的反差,而且往往需要把材料用封固剂密封在盖玻片与载玻片之间;而大部分植物材料不能满足上述要求,因此需要制成适合于显微镜下观察的制片,这个过程就是植物制片过程。植物制片在植物科学研究领域中占有重要的地位,该技术对于正常使用光学显微镜进行高分辨率观察具有重要的意义。

　　植物材料的制片方法多样,本章主要介绍常用的石蜡制片、半薄制片等制片技术。

第一节　石蜡切片制片技术

一、实验原理及应用范围

　　石蜡制片技术是最常用的一种植物材料制片技术。该方法是将材料用固定剂杀死、固定后，经脱水、置换、浸蜡，使石蜡完全渗透入材料中，使石蜡与材料成为不可分离的状态，石蜡与材料一起凝固成蜡块并进行切片的制片方法。制片经染色、封片后可利用明场光学显微镜观察。实验流程主要包括选材、杀死、固定和保存、脱水、置换、浸蜡、包埋、切片、展片和粘片、染色和封片等步骤。植物材料、固定液和染色剂等应根据观察目的加以选择。

　　石蜡制片法制得的植物切片可以很好地呈现植物器官的组织结构，同时具有可得到连续切片、切片能够长期保存等优点，主要用于植物学及相关学科的研究与教学。

二、实验材料及仪器

　　1. 实验设备

　　冰箱，切片机，烤片台，电炉，恒温箱，真空泵，天平，磨刀机等。

　　2. 实验工具

　　酒精灯，三脚架，瓷砖，漏斗，量筒，移液器，平底管，离心管，枪头，双面刀片，单面刀片，解剖针，镊子，毛笔，载玻片，盖玻片，载蜡器，小酒盅，切片盘，搪瓷杯，打火机，A4 打印纸，纱布，绸布，脱脂棉，吸水纸，染色缸，弹簧夹，水盆等。

　　3. 实验试剂

　　蒸馏水，甲醛-醋酸-乙醇（FAA）固定液，冷多夫固定液（甲液、乙液），30%乙醇，50%乙醇，70%乙醇，80%乙醇，90%乙醇，95%乙醇，无水乙醇，2/3 乙醇＋1/3 二甲苯（体积比），1/2 乙醇＋1/2 二甲苯（体积比），1/3 乙醇＋2/3 二甲苯（体积比），二甲苯，郝氏粘贴剂甲液和乙液，番红，固绿，苏木精，硫酸铁

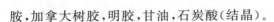

胺,加拿大树胶,明胶,甘油,石炭酸(结晶)。

4.实验材料

向日葵茎,蚕豆根,夹竹桃叶,大蒜根尖等。

三、操作步骤

(一)取材、杀死和固定

1.取材

取材对于整个石蜡制片至关重要。首先要根据观察目的选材,观察正常结构需选择无病虫害的部位,进行病理研究则应选择病虫害发生部位。适合于石蜡制片的材料直径以不超过 1 cm 为宜,过大的材料可根据研究或观察目的选取局部。取材时,应首先根据观察目的确定不同器官的切面,继而根据切面确定切取材料的方法及包埋时的放置方法。不同切面呈现的组织结构、细胞形状、排列等均存在差异。很多材料往往需要做 3 个切面的制片进行观察,才能全面地了解其结构。植物器官根、茎的切取面,一般可分为横切面和纵切面两类,叶主要是垂直主脉进行横切(表1-1)。

表1-1 不同器官取材切面及结构特征

器官	切面	观察的结构
根、茎	横切面	观察初生、次生结构及侧根、侧枝、叶的发生等,可见各组成结构所处位置、所占比例、形状等,还可观察各种组织的细胞组成情况及特征
	径向切面(过横切面圆心所做纵切面)	结合横切面观察初生、次生结构及侧根、侧枝、叶等的发育过程和特点,还可观察各种组织的细胞组成情况及特征
	切向切面(不过横切面圆心所做纵切面)	主要可观察各种组织的细胞组成情况及特征
叶	垂直主脉横切面	观察叶的结构及各类组织的特征

(1)根、茎的切取方法 选取合适的部位(对于幼苗材料,注意区分茎与胚

轴）。无论是观察哪种切面,均使用锋利刀片垂直纵轴切取长度为 3～5 mm 的小段,切面要齐整。

（2）叶片的切取方法 叶片大小、形状不同,取材方法不同,一般较大的叶片用锋利刀片垂直叶片纵轴将其分割成包含主脉的小块。

①细长的叶片:宽度小于 1 cm 的细长叶片,如水稻、小麦等禾本科植物的叶以及某些双子叶植物的叶片等,可用锋利刀片垂直叶片纵轴横切成长约 4 mm 的小段(图 1-1,彩图 1),观察叶的结构通常选择叶片的中下部。

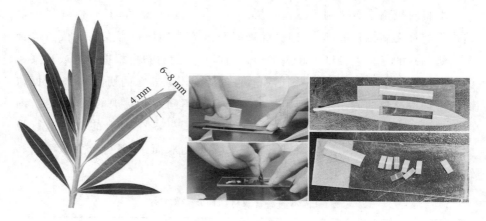

图 1-1 叶片取样

②大而宽的叶片:叶片宽度超过 1 cm 的叶片,首先用锋利刀片平行于叶片主脉对称切除两侧叶片,仅留主脉两侧各 3～4 mm 宽的叶片,再对其垂直纵轴切成 3～4 mm 长的小块。取材后,应立刻将材料放入固定液内并使固定液迅速渗透入材料中,将细胞、组织迅速杀死和固定,使材料尽可能地保持生活时的自然状态;否则组织结构会很快发生萎缩、死亡或分解等变化,从而使最终观察到的结构不能反映自然、真实的状态。

2.杀死和固定

固定液的作用是杀死植物细胞并使其结构、形状保持生活状态。根据需要进行选择,本实验以 FAA、冷多夫固定液为例。固定液(配方见附录)的选择参见表 1-2。

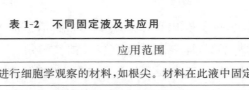

表 1-2　不同固定液及其应用

固定液种类	应用范围
冷多夫固定液	用于进行细胞学观察的材料,如根尖。材料在此液中固定 12～48 h
FAA 固定液(又称标准固定液或万能固定液)	用于对根、茎、叶等器官的组织形态学观察。一般植物的器官和组织均可用此液来固定。根据材料的性质可采用 50% 或 70% 两种浓度的乙醇配制,材料在此液中固定 12～24 h。材料在使用 70% 乙醇配制的 FAA 固定液中可长期保存

3. 抽气

由于植物材料表面常有茸毛、内部留存有气体,这些均会妨碍固定液的渗入,因此,固定时需进行真空抽气。所谓抽气,是利用各种抽气装置,提供负压环境,使材料和固定液中的气体释放出来,利于固定液快速进入材料的过程。抽气的时间、压力需根据材料特点调整。抽气后材料需在固定液中继续固定一定时间,时间长度根据固定液种类确定。

(1)注射器抽气　根据材料大小和数量选择注射器(如 10 mL,20 mL,50 mL)(图 1-2)。将注射器针头和活塞取下,针头一侧朝下并用手指(戴一次性手套)堵住小孔,把固定的材料连同固定液倒入注射器内,插入活塞,再仰起注射器使针头侧小孔朝上,轻轻推动活塞将管内空气排出。用左手食指紧按住插针头的孔口,右手向外拉活塞手柄,使管内压力减小。在抽气过程中,可见到材料上有

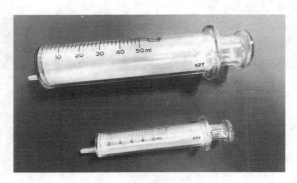

图 1-2　抽气用注射器

气体逐渐排出,接着松开手指恢复常压,再将活塞推入,如此反复数次,直到恢复常压后材料下沉,即表示抽气完成。抽气时用力不能过猛,否则会损伤材料。此法简单易行,不需要其他设备,并可根据材料性质掌握用力的大小,避免材料因用力过猛而发生收缩现象。其缺点是,对大批的材料不能同时进行抽气。

(2)真空泵抽气 真空泵有多种类型,现在多用循环水式多用真空泵,配备改装的干燥器作为抽气瓶(上部活塞带凹槽)(图1-3,彩图2)。使用前需检查抽气瓶密封状况。抽气时,将装有材料和固定液的容器开盖放入抽气瓶内,活塞凹口朝向连通真空泵的橡胶管口,打开电源开关开始抽气。抽气时间及真空度根据材料的性质和大小调整,一般真空度达到−0.09 MPa后旋转活塞阻断气道后关闭真空泵;植物材料一般放在固定液内抽气时间为 6 ~ 8 min,到时间后徐徐开启活塞,让空气缓慢进入,恢复常压后将抽气瓶打开即可。抽气时间过长,会导致材料机械损伤。

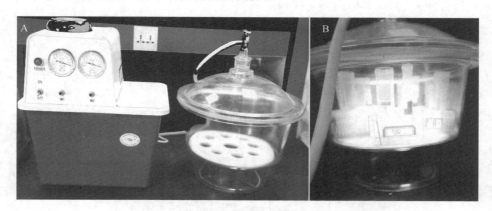

A.循环水式多用真空泵和改装的干燥器;B.抽气时的干燥器

图 1-3 循环水式多用真空泵抽气装置

各种材料经以上不同固定液固定后,需要将材料分别用配制固定液的相应溶剂冲洗 3 次,每次 1 h 左右。而后即可继续经梯度乙醇和二甲苯溶液进行冲洗、脱水、置换处理,以便进行浸蜡包埋。若不能继续进行下一步骤,则需要把材料过渡到保存液内(过程见表1-3)。通常采用的保存液为 70%乙醇溶液(可与材料等渗)。

(二)脱水、置换和浸蜡

石蜡制片法所用包埋剂为石蜡,其不能与水互溶,因此,在进行石蜡包埋之前,必须利用脱水剂将材料中的水分完全置换出来,才能使包埋剂完全渗透到材料的组织、细胞中。脱水剂有多种,由于石蜡制片常用的脱水剂为乙醇,且乙醇与石蜡不能互溶,所以还需用二甲苯(与乙醇和石蜡均可互溶)置换乙醇,从而保证材料可以正常浸蜡;经二甲苯处理后材料较为透明,因此,此步骤也被称为脱水、透明。经二甲苯置换后材料完全被二甲苯浸透,这样就可以通过浸蜡,让包埋剂石蜡完全渗透到材料中,而后即可进行包埋。

1.脱水和置换

脱水过程应从低浓度乙醇开始,逐步过渡到高浓度乙醇,以防止细胞发生收缩或损坏材料。同时进行不同固定液固定材料的实验,通常在达到固定时间后,按流程将材料分别用低浓度乙醇冲洗、过渡到70%乙醇溶液中,以便后续脱水过程同步进行。后续脱水从80%乙醇开始,同步进行。依次经80%乙醇—90%乙醇—95%乙醇,过渡到无水乙醇中。材料在各级乙醇中所停留的时间,取决于材料的性质、大小;脱水过程同时会使材料变硬,形状更加稳定。材料从95%乙醇换入无水乙醇后,放置时间不能过长,否则会使材料变得过于硬而脆,切片时会增加困难。为了使材料在无水乙醇中彻底将水分脱净,需更换2次无水乙醇。无水乙醇脱水后再经梯度乙醇-二甲苯溶液逐渐过渡到二甲苯,并更换2次二甲苯彻底去除乙醇。此时溶液如果产生乳白色的混浊,即表明水分未彻底脱净,应再回到无水乙醇中重新脱水。另外,当材料进入95%乙醇时,需加入少许番红,把材料染成红色,便于包埋时定位。

所用溶液的量应根据材料的量加以调整,以60块根、茎、叶材料为例,50 mL离心管中加入约25 mL溶液即可。

2.浸蜡

浸蜡一般从低温到高温、从低浓度到高浓度进行,这样可使石蜡慢慢渗入组织内,而将置换剂置换出来。如果操之过急,则石蜡浸入不彻底而影响浸蜡的效果,从而可能导致包埋失败。

具体步骤:材料换第二次二甲苯后(换第二次二甲苯时,可适当减少溶液量),取预先切成小块或薄片的碎石蜡加入二甲苯中,通常碎蜡加至接近液面处即可,之后将容器盖好,放入 36 ℃恒温箱过夜。第二天将材料移到开口直径大的敞口容器内(往往用小酒盅),去除含有二甲苯的石蜡,加入纯蜡,并将纯蜡浸泡的材料放入 60 ℃恒温箱过夜。第三天更换第二次纯蜡,60 ℃恒温箱过夜。此后材料即可以进行包埋。

一般植物材料脱水、置换和浸蜡时间参考表 1-3。

表 1-3 不同梯度脱水、置换和浸蜡时间

项 目		FAA 固定液	冷多夫 固定液	时间/h
脱水和置换	30% 乙醇		√	1
	50% 乙醇		√	1
	70% 乙醇	√	√	1
	80% 乙醇	√	√	1.5
	90% 乙醇	√	√	1.5
	95% 乙醇(加少许番红使材料变色便于包埋时定位)	√	√	1.5
	无水乙醇	√	√	1
	无水乙醇	√	√	1
	2/3 乙醇+1/3 二甲苯(体积比)	√	√	1
	1/2 乙醇+1/2 二甲苯(体积比)	√	√	1
	1/3 乙醇+2/3 二甲苯(体积比)	√	√	1
	二甲苯	√	√	1
	二甲苯	√	√	
浸蜡	换入第二次二甲苯后,在溶液中加入碎蜡进行浸蜡	√	√	36 ℃恒温箱过夜
	材料转入大口小酒盅内并换入熔化的纯蜡	√	√	60 ℃恒温箱过夜
	换第二次熔化的纯蜡	√	√	60 ℃恒温箱过夜

植物显微技术实验教程

(三)包埋

包埋是使包埋剂与材料固化为一体,以便于切片的过程。包埋剂在制片过程中作用重要,其决定了制片中用到的其他试剂及制片过程。因此制片方法往往以包埋剂命名,如石蜡制片法、乙二醇甲基丙烯酸酯(GMA)制片法等。包埋还需使用包埋模具,石蜡包埋模具通常为纸盒。

1. 包埋剂的选择与处理

石蜡制片法的包埋剂为切片石蜡。包埋所用石蜡的性质,与切片的成败有着密切关系。因此,对于石蜡的选择应慎重。在石蜡制片技术中,所用切片石蜡的熔点一般是 52～58 ℃,同时要求质地润滑均匀且无杂质为宜。纯粹的石蜡质地疏松,虽然可将它放在容器中进行较长时间的煮炼,使它变得紧密,但是其中还是会有微小的空隙存在。因此,常采用切片石蜡和少许蜂蜡(黄蜡)混合(蜂蜡的比例要视材料的性质和经验来决定,一般为石蜡 5 份,蜂蜡 1 份),因蜂蜡质地柔软滑润并有黏性,可改善包埋石蜡的质地。

浸蜡和包埋所用石蜡的熔点,依季节而有所调整,夏季时应用熔点较高(如 56～58 ℃)的石蜡。但石蜡熔点越高,质地也越疏松,不易切得连续的切片。可采用上述与蜂蜡混合的办法来解决。冬季时则宜用熔点较低(52～54 ℃)的石蜡。包埋通常使用的是不同熔点的石蜡的混合物,原因是采用单一熔点的石蜡进行包埋,切片效果常不能令人满意,用 2 种或 3 种不同熔点(54 ℃、56 ℃及 58 ℃)的石蜡混合使用,则可得到较好的切片效果。使用过的旧石蜡经回收、熔化、过滤后,作为包埋剂效果更好。

2. 叠模具

纸盒是包埋蜡块的铸型模具之一,所用纸质需质地坚硬又有一定的韧性,且光滑、不易透水,质量较好的打印纸、牛皮纸等均可选用。纸张应根据包埋材料的大小裁成长方形的纸块,折叠纸盒的方法如图 1-4 所示。纸盒的折缝应压实且不能破损,避免包埋时熔化的石蜡流出。

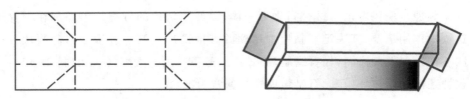

图 1-4　包埋材料模具纸盒

3.包埋过程

包埋之前应将一切用具瓷砖、镊子、解剖针、酒精灯、三脚架和熔化的纯石蜡(可水浴加热)等准备好(图 1-5A)。包埋时,将纸盒平放于平整且易导热的瓷砖上,将已熔化的纯石蜡迅速倒入纸盒中(图 1-5B),并用镊子或解剖针放在酒精灯上加热(图 1-5C)插入纸盒内的石蜡中,沿纸盒的边缘轻轻移动以除去石蜡中的气泡。待盒底石蜡凝固一薄层后,将材料用已加热的镊子移入纸盒内,并迅速将材料按照所需的切面整齐排好(图 1-5D)(注意:每个材料之间要有一定的距离,以免在修整蜡块时将材料毁坏。在整个过程中,所用的镊子或解剖针要不断地加热,然后沿材料边缘轻轻移动以便将材料周围的气泡赶出,同时也使得材料表面和周围石蜡的温度一致,而避免石蜡在凝固后与材料发生分离现象,而影响切片)。当材料排好并赶尽气泡后,待石蜡的表面凝固一薄层时,用双手平稳地将纸盒移入冷水中(图 1-5E),待石蜡表面凝固结实后,将纸盒全部压入水中,使石蜡迅速凝固(图 1-5F)(注意:如果让其自动凝固,则石蜡往往发生"结晶"现象,而不能进行切片)。

(四)切片、展片和粘片

包埋好的材料需要经过蜡块的分割、修整后,再利用石蜡切片机,切成在光学显微镜下足够透光的薄片,并展平、黏附在载玻片上,经脱蜡、染色、封片,才能成为可观察的石蜡制片。

(1)切片　石蜡切片是指用锋利的刀片,将包埋好的材料切成 $8\sim12\ \mu m$ 薄片的过程。切片的作用是使材料足够透光,便于利用显微镜观察。石蜡切片一般需用专门的切片机和切片刀(必须提前磨刀使刀片锋利,并在装刀前进

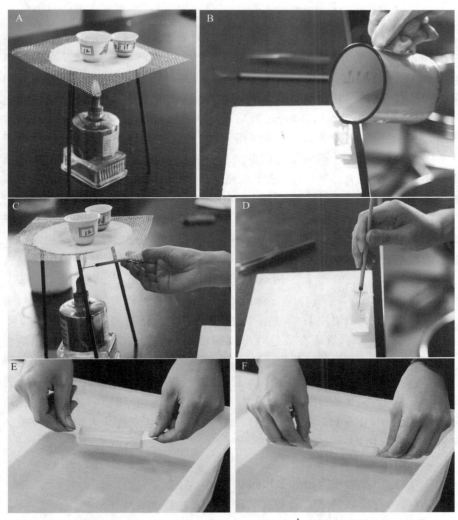

A.需要包埋的材料放置在三脚架上；B.将石蜡倒入纸盒中；C.加热解剖针；D.赶走材料周围多余的气泡；E.纸盒2/3浸入水中凝固石蜡；F.纸盒完全浸入水中

注意事项：包埋时，要求操作熟练而迅速。要控制好包埋石蜡的温度；温度太高，容易烫破蜡盒，且石蜡凝固太慢，蜡块中易出现气泡，放入冷水中冷却时蜡块又会产生破裂现象；温度过低，石蜡很快凝固，不仅不易操作，而且常使材料与其周围的石蜡不能凝固得紧密，也不易赶走气泡，造成材料与石蜡分离而不能进行切片

图1-5　包埋过程

行荡刀,以清除刀口上的金属屑)。

①修块。包埋好的蜡块必须牢固地黏附在载蜡器(或称载物块)上,其方法如下:选取要切的材料,撕去外面的纸盒,用解剖刀或单面刀片在材料间蜡块的分割处环绕蜡块四周划数条直线,刀口不宜过深,以 1～2 mm 为宜,否则容易损伤材料,然后用双手的大拇指和食指夹住蜡块轻轻折断(图 1-6A,彩图 3A)。如果不易折断,可再用刀片在原线处深刻,不可用强力将蜡块折断,否则不但边缘不齐,而且易损伤材料。切下的蜡块用单面刀片粗修整齐。一般可修成梯形(朝向纸盒底部的面通常是将来的切面,可见到材料,面积较小;另一面较大,以便于粘贴于载蜡器上)。粗修好的蜡块就可以粘到载蜡器上了(图 1-6B 和图 1-6F,彩图 3B 和彩图 3F)。取载蜡器(木制或金属的)在固定蜡块的面上放几块碎石蜡,在火上加热熔化,稍凝固后将蜡块粘贴在载蜡器上。也可一手拿已修好的蜡块,一手拿解剖刀在火上加热,使蜡块底部和有蜡的载蜡器底部同时接触热的解剖刀而使蜡稍熔化,并迅速将蜡块粘贴在

二维码 1-1
进行粘块

载蜡器上。两者粘牢后,蜡块四周再用碎蜡烫牢(图 1-6B,彩图 3B)。保证蜡块牢固粘贴在载蜡器上非常重要,否则切片时蜡块容易脱落,或者由于颤动影响切片厚度不均,继而在染色时出现深浅不一、质量不佳等问题。粘贴牢固的载蜡器投入冷水加速凝固(图 1-6C,彩图 3C),取出后再精修蜡块(图 1-6D,彩图 3D),将蜡块上部修成长方体,与刀刃平行的蜡块长边需要特别修平行,并切掉一角以便切片后分割蜡片(图 1-6E～H,彩图 3E～H)。之后就可将其安放并固定在切片机的夹物部上进行切片。

②石蜡切片步骤

(a)检查切片机保险钮处于锁定状态。

(b)将粘有蜡块的载物器装在切片机的夹物部上。

(c)将提前磨好的切片刀装在夹刀部位,移动切片刀固定器,将夹刀部与夹物部之间的距离调整好,并调正切片刀的角度,一般以 5°～8°为宜(一般机器已调好,勿自行调整)。如果刀口方向过分直立,在切片时石蜡往往成粉屑粘在刀口的内面,即使切成片子,也都粘贴在刀上;若刀口倾斜太多,则不能切得成片。因此刀口倾斜度必须合适,才能切得切片(图 1-7)。

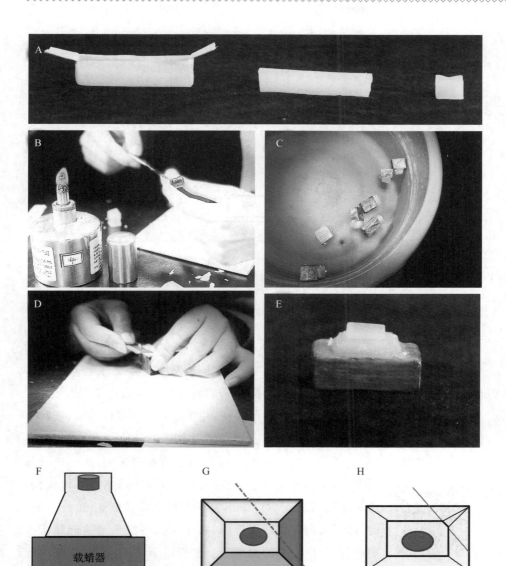

A.去掉纸盒,分割蜡块;B.粘蜡块;C.粘好的蜡块在水中冷却;D.精修蜡块;E.精修好的蜡块;F.蜡块粘贴在载蜡器上侧面观;G.蜡块正面观,以材料为中心上下边平行,切掉一角;H.蜡块切掉一角后的正面观

图 1-6　修蜡块过程

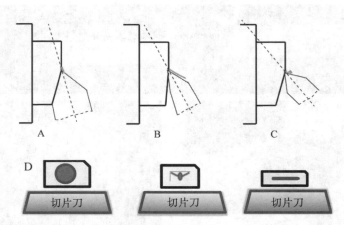

A.倾斜度不够,不能切得切片;B.倾斜度恰当(为 5°~8°)能切得良好的切片;C.倾斜度过大,也不能切得切片;D.蜡块上下边与切片刀刀刃保持平行

图 1-7　石蜡切片刀口不同倾斜度

(d)调整厚度计:一般石蜡切片以 8~12 μm 厚度最为适宜。根据材料的性质、制片的目的以及石蜡的特点来决定。在调节厚度时必须对准刻度,决不能调在两个刻度之间,否则不仅会损坏机器,同时也会造成切片厚度不均。

(e)切片:右手握住切片机旋转轮的摇柄,左手松开切片机保险钮,摇动一圈可切下一片,切下的蜡片粘在刀口上,待第二片切下时连在一起,连续摇转后切下的蜡片将连成一条蜡带。这时左手可持毛笔将蜡带托起,边摇边外移蜡带(图 1-8,彩图 4)。摇转时用力要均匀,速度不可太快,通常转速以 30~50 r/min 为宜。到蜡带长度达 20~30 cm 时,停下摇柄并锁好保险钮,右手用另一支毛笔挑起蜡带按顺序排放于盘中的黑纸上,注意蜡带靠刀面的一面较光滑,应向下,较皱的一面向上。当机器转动时,蜡块向前推进,切到一定的时候,推进会终止,此时应拉开控制切片厚度

二维码 1-2

切片

的长臂,使之与齿轮分离,然后摇动齿轮上的小摇柄退回原处,并将切片刀移近蜡块,才能继续切片。

14

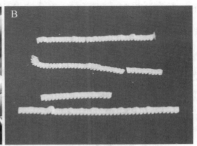

A.连续摇转切片机切片;B.切片形成的蜡带

图 1-8 切片

注意事项:上载蜡器前和切片停止时,一定要锁住切片机上的保险钮,以免发生意外事故。切片工作完毕,要注意清理仪器和工具;切片刀上的石蜡,可用脱脂棉蘸取少许二甲苯擦去,再用清洁绒布或脱脂棉擦干,放入盒内保存,以免生锈;切片机要仔细擦拭,保护机件,延长使用寿命。

(2)展片、粘片 粘片是用粘片剂将切好的切片粘贴在载玻片上,使切片在以后的处理过程中不会从载玻片上脱落的过程。切好的蜡带经检查合格(切到材料且蜡片厚度均匀、完整,材料上没有刀痕)后,即可分割成含3~4个蜡片的小蜡带(具体长度可根据盖玻片大小调整)(图1-9A~B,彩图5A~B),用粘贴剂将蜡片亮面朝下粘贴在洁净的载玻片(不同材料摆放方式不同)上(图1-9C,彩图5C)。

石蜡制片常用郝伯特(Haupt)粘贴剂进行粘片,该粘贴剂包含甲、乙两种液体,要分别配制,其中甲液起粘贴作用,乙液起展片作用。操作过程:在擦净的载玻片上滴上一小滴郝伯特粘贴剂甲液,用洁净的小手指涂匀并稍晾干,然后再滴加1~2滴粘贴剂乙液在涂过甲液的载玻片上,将蜡片放在液面上(蜡片的亮面向下),然后将带有蜡片的载玻片放在烤片台上(温度37 ℃左右),蜡片受热后即慢慢展平(此时注意调整蜡带的位置,要符合观察要求)(图1-10A,彩图6A),待完全展平后(图1-10B,彩图6B),经烤干后(也可在37 ℃恒温箱再进行烘干或放室内让其自然干燥)放入切片盒中。

(五)染色和封片

生物的组织结构,往往非常透明,各部分的折光率差异不大,直接用明场显微镜镜检时难以得到较好的观察效果,尤其在制成永久制片的过程中,还需要用加拿大树胶封固,使材料折光率变得更均匀,导致镜检时各部分的细微结构在明场显微镜下难以分辨。在制片技术上应用染色方法,可使各种组织结构显示出不同颜色,而增强镜检的效果。常用的染色缸和固定夹如图 1-11 所示,下面介绍植物石蜡制片常用的两种染色方法。

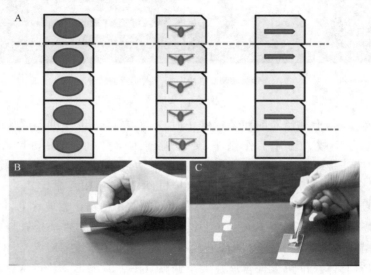

A.切好的蜡带示意图;B.分割蜡带;C.粘片

图 1-9 分割蜡带和粘片

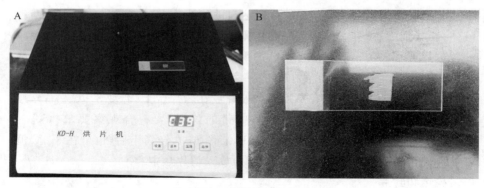

A.烤片机上面烤片;B.展片后的切片

图 1-10 展片

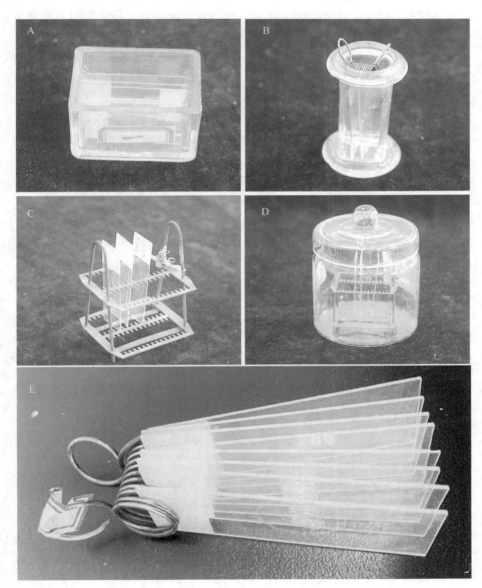

A.卧式染缸；B.立式染缸；C.吊篮；D.大染缸；E.弹簧夹

图 1-11　不同类型的染色缸和固定夹

(1)番红-固绿二重染色法　此法为植物组织解剖学上最常用的一种染色法,其步骤如下(图 1-12)。

①脱蜡:二甲苯→二甲苯→2/3 二甲苯＋1/3 乙醇(体积比)→1/2 二甲苯＋1/2 乙醇(体积比)→1/3 二甲苯＋2/3 乙醇(体积比)→无水乙醇→无水乙醇→95％乙醇→90％乙醇→80％乙醇→70％乙醇→50％乙醇。切片在第一次二甲苯中(常温下 10 min),应完全去掉石蜡,其余步骤每次 1 min 左右。

②材料放入 50％乙醇配成的 0.5％番红溶液中染色,置于 37 ℃恒温箱染色 40～50 min(常温下需染色 12～24 h)。

③用 50％乙醇洗去多余的染料,需 30 s。

④再进入 70％乙醇→80％乙醇→90％乙醇→95％乙醇逐级梯度脱水,每次 30 s 左右。

⑤放入 95％乙醇配成的 0.5％固绿溶液中染色 30 s(具体时间因材料及染料来源不同而有差异,需做预实验确定正确的染色时间)。

⑥用 95％乙醇分色约 1 min(具体时间因材料及染料来源不同而有差异,需做预实验确定正确分色时间)。

二维码 1-3
封片操作

⑦进入 100％乙醇→100％乙醇→2/3 乙醇＋1/3 二甲苯(体积比)→1/2 乙醇＋1/2 二甲苯(体积比)→1/3 乙醇＋2/3 二甲苯(体积比)→二甲苯→二甲苯进行透明,每次 15 s 左右。

⑧加拿大树胶封固(树胶用二甲苯溶解到合适浓度)(图 1-13,彩图 7)。

⑨贴标签。

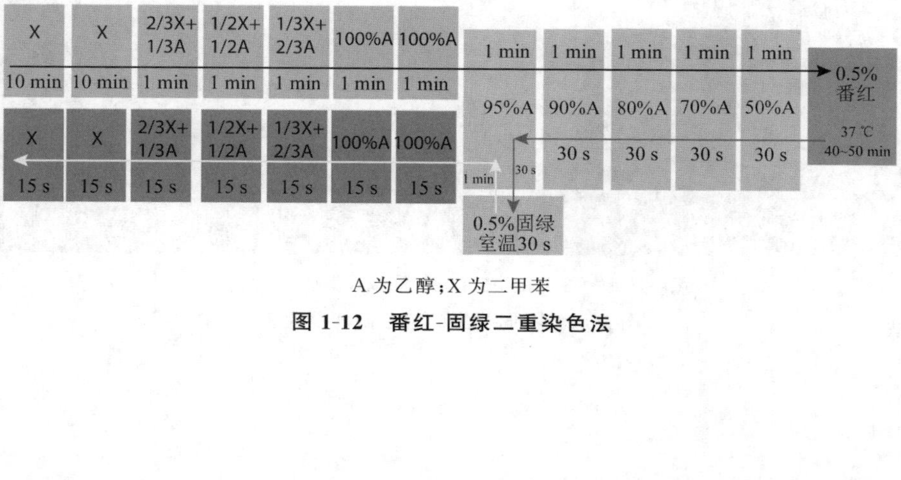

A 为乙醇;X 为二甲苯

图 1-12　番红-固绿二重染色法

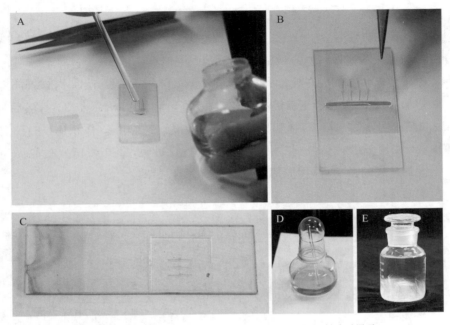

A.滴 1～2 滴加拿大树胶到材料一侧；B.盖上盖玻片；C.封片后展示；

D.加拿大树胶；E.95％乙醇浸泡的盖玻片

图 1-13　加拿大树胶封片

（2）铁矾-苏木精染色法　铁矾-苏木精染色法是一种较好的显示植物根尖分生细胞染色体的染色方法，其步骤如下（图 1-14）。

①脱蜡：二甲苯→二甲苯→2/3 二甲苯＋1/3 乙醇（体积比）→1/2 二甲苯＋1/2 乙醇（体积比）→1/3 二甲苯＋2/3 乙醇（体积比）→无水乙醇→无水乙醇→95％乙醇→90％乙醇→80％乙醇→70％乙醇→50％乙醇→30％乙醇→蒸馏水。切片在第一次二甲苯中（常温下约 10 min），应完全去掉石蜡，其余步骤每次 1 min 左右。

②切片放入 4％铁矾水溶液中媒染 20 min。

③自来水洗和蒸馏水洗各 1 min（此步很重要，否则不能放入苏木精中）。

④在苏木精中染色（0.5％苏木精水溶液），置于 37 ℃恒温箱中 40 min 左右（常温下需染色 1～2 h）。

⑤自来水洗和蒸馏水洗各 1 min。

⑥在 2%铁矾溶液中分色(必须掌握好分色技术,边观察边分色,至根尖分生区颜色淡透时即可),一般需分色 8～10 min。

⑦用自来水洗(加少许氨水可以使自来水呈碱性)1 min;然后蒸馏水洗 1 min。

⑧从 30%乙醇开始逐步经梯度乙醇脱水至无水乙醇,每步 30 s;然后进入 2/3 乙醇＋1/3 二甲苯(体积比)→1/2 乙醇＋1/2 二甲苯(体积比)→1/3 乙醇＋2/3 二甲苯(体积比)→二甲苯→二甲苯进行透明,每步骤 15 s 左右。

⑧加拿大树胶封固(树胶用二甲苯溶解到合适浓度)。

⑨贴标签。

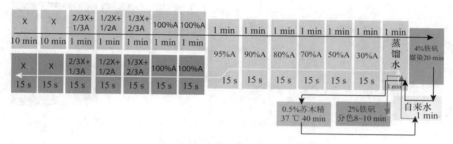

A 为乙醇;X 为二甲苯

图 1-14 铁矾-苏木精染色

四、观察石蜡制片制作与染色效果

观察制好的石蜡制片,除了获得材料的结构影像,分析其细胞、组织和结构特点,还可分析制片过程出现的问题。不同染色方法的观察结果不同。下面简单介绍番红-固绿染色法和铁矾-苏木精染色法的观察效果。

(1)番红-固绿染色 番红使木化细胞壁染成红色,角化细胞壁染成粉红色,栓化细胞壁染成黄褐色,染色体、核仁、中心体染成红色;固绿可将细胞质和纤维素性的初生细胞壁染成绿色。因此,在相应制片上看到导管、纤维呈现明显的红色,薄壁细胞呈现明显绿色(图 1-15,彩图 8)。

(2)铁矾-苏木精染色 苏木精是一种很好的核染料和染色质染料,有明显的"多色性",细胞中的不同结构着色深浅不同,并呈现不同色调;染色效果与 pH 有关,酸性偏红,碱性偏蓝。铁矾-苏木精染色主要用于显示植物细胞有丝分裂的不同时期,可将细胞核及染色体染成蓝紫色(图 1-16,彩图 9)。

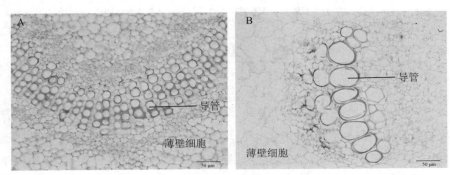

A.夹竹桃叶片横切片,叶脉木质部的导管被染为红色,薄壁细胞初生壁被染为绿色;

B.向日葵茎的维管束,木质部导管被染为红色,薄壁细胞初生壁被染为绿色

图 1-15 石蜡切片番红固绿染色

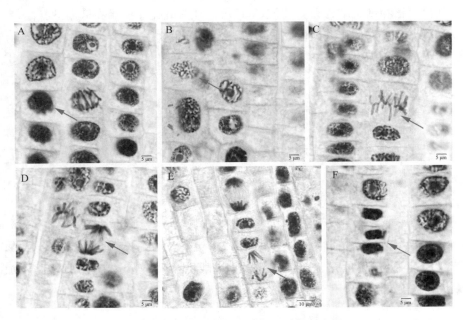

A.间期;B.前期;C.中期;D.后期;E.后期;F.末期

图 1-16 大蒜根尖不同时期分裂象铁矾苏木精染色

第二节　半薄切片制片技术

一、实验原理及应用范围

半薄切片技术是在石蜡切片技术基础上发展起来的一种切片制作技术，主要是采用塑料代替石蜡作为包埋剂，硬度大大增加，切片厚度可达到 $0.2\sim2~\mu m$，可用于在光学显微镜下对细胞内结构与组成进行观察，适用于细胞生物学研究与教学。丙烯酸酯是一种水溶性塑料包埋剂，包括 GMA、伦敦白胶（LR White）和甲基丙烯酸丁酯与甲基丙烯酸甲酯（BMM）等。采用丙烯酸酯包埋剂进行制片，染色时无须把塑料去掉便可直接染色，且丙烯酸酯类包埋剂保存植物细胞结构完整性较好，还可以经紫外光照射后在低温下凝固，所以它可以和最好的非凝固性固定剂配合使用。本实验以 LR White 半薄制片方法为例介绍丙烯酸酯半薄制片法及相应染色技术。

二、实验材料及仪器

1. 实验设备

切片机，恒温箱，烤片台。

2. 实验工具

定时器，切片盘，载玻片，盖玻片。

3. 实验试剂

磷酸缓冲盐溶液（PBS 缓冲液），多聚甲醛，哌嗪-1,4-二乙磺酸（PIPES），乙醇，甲苯胺蓝-O，苯甲酸，苯甲酸钠，LR White 包埋剂试剂盒，加拿大树胶，蒸馏水。

三、操作步骤

（1）固定　4％多聚甲醛（50 mmol/L PIPES 缓冲液配制）室温下固定材

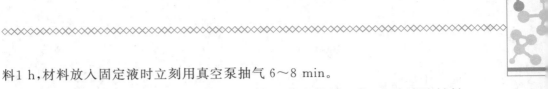

料 1 h,材料放入固定液时立刻用真空泵抽气 6～8 min。

（2）清洗　使用 50 mmol/L PIPES 缓冲液清洗材料 3 次,充分清洗材料中残存的固定剂,每次 15～20 min。

（3）脱水　用梯度乙醇脱水至无水乙醇。一般为 30% 乙醇→50% 乙醇→60% 乙醇→70% 乙醇→80% 乙醇→90% 乙醇→无水乙醇→无水乙醇→无水乙醇,每步骤 15～30 min。

（4）渗透　用乙醇和 LR White 包埋剂混合液及纯包埋剂分步渗透。从 1/3 包埋剂＋2/3 乙醇（体积比）→1/2 包埋剂＋1/2 乙醇（体积比）→2/3 包埋剂＋1/3 乙醇（体积比）,每次 1～3 h;然后用纯包埋剂渗透,每次 8～12 h,更换 3 次。

（5）聚合　将材料与新鲜塑料包埋剂注入明胶胶囊内,盖严后在 46 ℃恒温箱内聚合 16 h。也可通过长波紫外光照射,在 0 ℃以下使包埋剂聚合（注意:任何时候都不能让包埋块沾水）。

（6）切片　用切电镜包埋块的玻璃刀,在超薄切片机或普通切片机（利用专用刀架）切 0.5～1 μm 的切片,切片是不连续的,每片都需用镊子取下,然后在载玻片或盖玻片的水滴上展开,放 37 ℃恒温烤片台上干燥。载玻片最好用多聚赖氨酸处理过。

（7）染色　切片干燥后可以马上染色,无须把包埋剂去掉;可用滴染,也可用染色缸染,一般用来染石蜡切片的染料都可用来染丙烯酸酯半薄切片。丙烯酸酯常用甲苯胺蓝-O 染色,该染色剂可以使细胞内不同成分呈现出多色性。

BMM 半薄切片可以进行细胞内特定分子的荧光与免疫荧光定位,其制片过程与 LR White 制片法类似,但有以下不同:①乙醇梯度脱水及包埋剂浸透都需要在 4 ℃下进行;②需通过长波紫外光照射,在 0 ℃以下使 BMM 包埋剂聚合,聚合时间 12 h 以上;③BMM 半薄切片在切片粘片后,需要用丙酮浸泡切片 15 min 以去除包埋剂,而后方可进行荧光与免疫荧光标记。具体步骤可参考相关文献。

植物显微技术实验教程

四、观察效果

图 1-17（彩图 10）为蓖麻花粉粒中淀粉和脂类的半薄切片染色效果。

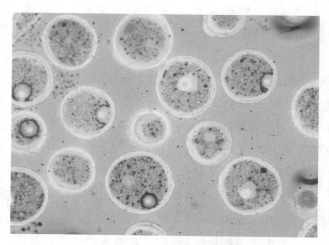

图 1-17　蓖麻花粉粒中淀粉和脂类的分布
（蓖麻花粉粒中淀粉多糖被染为红色，脂类被染为黑色）

第三节　冰冻切片制片技术

一、实验原理及应用范围

冰冻切片法利用专用冰冻切片机进行切片。此种方法可以适用于含水分较多的材料，而且使用这种方法，可以保存材料中脂肪或橡胶类物质。由于在冰冻下进行切片，材料不需要脱水、浸透、包埋等步骤，可以更好地使细胞保持原来生活的状态。医学上常用此法将新鲜组织切成薄片，以用于病症的快速诊断。

新鲜的小而柔软的材料，可以不经任何处理，便可直接固定在固着器上进行冰冻切片,一般稍大而含有木质的材料,如植物幼根、幼茎等,则需事先浸渍在包埋剂中。包埋剂可用阿拉伯胶或动物胶,先配成2%~5%胶液,把材料切成小块放入,放置一段时间后再进行切片。此种方法适用于含水分较多的材料。可以放于37 ℃恒温箱中6~12 h,再换到10%胶液中,如上法放置6~12 h后即可取出进行冰冻切片。

二、实验材料及仪器

乙醇,二甲苯,番红,固绿,加拿大树胶,专用冷冻包埋液,蒸馏水,冰冻切片机(美康 HM525 型),恒温箱,烤片台,定时器,酒精灯,打火机,切片盘,弹簧夹,染色缸,载玻片,盖玻片,白布手套。

三、操作步骤

(1)在使用前一天开启冰冻切片机(图 1-18)电源,按"MEMO",机器启动,将温度设定在−20 ℃过夜。

(2)将部分包埋剂注到载物器上,然后将适当大小和厚度的标本放在包埋剂上,再加上适量包埋剂,将载物器置于快速冷冻区,待标本冷冻至凝固,夹在切片机的固定孔内,调节材料接近刀刃。

(3)准备好载玻片,解锁手轮,摇动手柄,先利用修块键,将材料表面的包埋剂切掉,待切到材料后,选择切片键进行切片(一般切片厚度选择 10~15 μm),摇动手柄,即可获得切片。

(4)将切好的切片小心地吸附在载玻片上,防卷板要注意保护,轻拿轻放。

(5)使用结束后关闭电源,关上盖子,等待恢复室温后,再打开盖子,通风1 d,以使凝结的水汽蒸发,清洁腔体和擦干水汽。

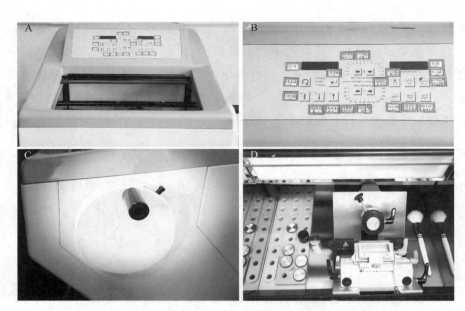

A.冰冻切片机整体观；B.操作界面；C.侧面摇轮；D.内部结构

图 1-18　冰冻切片机

第四节　滑动切片制作技术

一、实验原理及应用范围

滑动切片法广泛用于一些坚硬的材料（如木本茎、枝条）的厚切片切取。采用滑动切片法可对木本材料切取完整且厚薄均匀的切片。通过本实验，掌握滑动切片的操作方法，此法对果林类专业尤为重要。

二、实验材料及仪器

杨树枝或梨、苹果、桃等 1～2 年生枝条，软化剂（甘油与 50％乙醇等量混合），30％～100％各浓度乙醇，2/3 乙醇＋1/3 二甲苯（体积比），1/2 乙醇＋1/2 二甲苯，1/3 乙醇＋2/3 二甲苯（体积比），番红（50％乙醇配制），固绿（95％乙醇配制），小酒杯，滑动切片机，毛笔，镊子，加拿大树胶，盖玻片，载玻片。

三、操作步骤

（1）准备盛有水的培养皿和毛笔。

（2）将切片刀固定在滑动切片机切片刀固着器上，材料用两块木片夹起，露出木片0.5 cm，再固定于切片机的材料固着器上。

（3）调好材料的高度，使刀刃靠近材料的切面，并使材料与刀刃平行。

（4）调整厚度调节器（20～40 μm），使所指刻度适合切片厚度。

（5）用右手握切片刀的固着器，往自己方向拉。用毛笔蘸水把切片取下放于培养皿中。每切一片后，还须用毛笔在材料上和刀刃上滴加水，以提高切片效果（注：用力必须均匀，否则切片的厚度不一致，切片便被刀切下而附着于刀的表面上）。

（6）把刀推回，再拉切片刀，来回推拉，便可获得厚度均匀的完整切片（注：如切片不成功，应检查切片刀是否太钝或切得太薄，并加以改善）。

（7）脱水、染色、透明步骤如下。

①脱水至50％乙醇；②0.5％番红染色10～20 min；③50％乙醇洗至薄壁细胞呈浅红色为止，如不易褪色，可用酸乙醇洗（100 mL 50％乙醇中加几滴盐酸），但必须再用50％乙醇将多余盐酸洗净；④60％乙醇→70％乙醇→80％乙醇→90％乙醇→95％乙醇各约1 min；⑤0.5％固绿中染色约1 min；⑥在95％乙醇中分色约1 min；⑦无水乙醇2次，每次1 min；⑧透明：2/3乙醇＋1/3二甲苯（体积比）→1/2乙醇＋1/2二甲苯（体积比）→1/3乙醇＋2/3二甲苯（体积比）→二甲苯2次，每次30 s。

（8）加拿大树胶封固。

注意事项：较硬的材料如木材和竹材等，在进行滑动切片前，常需用软化剂先进行软化处理。凡要处理的材料，都应先用抽气机或简易抽气办法除去内部气体，以免妨碍软化剂的渗入。通常也可用水煮法，水煮兼有使木材软化的作用；平常木材煮1～2 h，冷却以后再加入软化剂。软化时间视材料的性质不同，可自几天到十几天。检查软化是否合适，可用刀片切割材料，如较容易切下薄片，则表示软化合适。经过软化的材料可以直接用滑动切片机进行切片。

四、观察效果

图1-19（彩图11）为不同倍数物镜下鱼藤茎横切面观察效果。

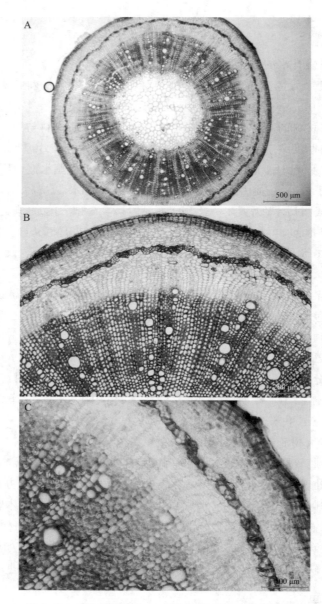

图 1-19　4 倍物镜(A),10 倍物镜(B)和 40 倍物镜(C)

下鱼藤茎横切面

第五节 荧光标记技术

一、荧光标记方法简介

一般染色技术的局限是无法进行细胞内特定分子的精细定位观察。荧光标记结合荧光显微镜或者共焦激光显微镜观察,可以进行细胞内特定分子的精细定位,也可以对细胞内分子分布进行三维立体观察。而绿色荧光蛋白标记技术还可以对活细胞内特定分子进行标记,在细胞内分子标记与观察方面具有独特的优势。目前,荧光标记技术已成为生命科学研究的重要方法。

二、花粉及花粉管微丝骨架荧光探针标记

(一)实验原理及应用范围

荧光探针是指可与特定分子特异结合,在紫外-可见-近红外区有荧光特性,或者其荧光性质可随所处环境的性质改变的一类荧光性分子,包括有机分子或金属螯合物。

常用的荧光探针有荧光素类探针、无机离子荧光探针、荧光量子点等。荧光探针除应用于荧光显微观察外,在核酸和蛋白质的定量分析、核酸染色、DNA 电泳、核酸分子杂交、定量 PCR 技术以及 DNA 测序中都有广泛的应用。

植物细胞中应用比较广泛的是荧光素-鬼笔环肽(标记微丝)、钙离子荧光探针及一些细胞器特异标记荧光探针等。

目前,多数细胞器及细胞内常见离子都有特异的荧光标记探针;其中大多数生物用荧光探针可在网站 www.probes.com 中查询,其他生物制品公司(如 Sigma 公司)也有一些常规的荧光探针出售。

(二)实验材料及仪器

1. 实验材料

川百合(*Lilium davidii* Duchartre)花粉。

2. 实验仪器

冰箱,真空水泵,恒温干燥箱,低速离心机,恒温摇床,恒温搅拌器,移液器,荧光显微镜,pH 计,天平等。

3. 实验器皿

培养皿,载玻片,盖玻片,切片盒,1.5 mL 离心管,各种枪头,枪头盒等。

(三)操作步骤

1. 固定

花粉及花粉管微丝骨架荧光标记多用多聚甲醛固定。多聚甲醛溶解到水里可以分解成甲醛。甲醛是非凝固型固定剂,其通过胶联作用将细胞内相邻蛋白连接起来,可以在很大程度上保持蛋白原有的天然状态及活性,因此很适合在荧光及免疫荧光标记时对材料进行固定。

本实验中,川百合(*Lilium davidii* Duchartre)花粉经萌发后,在花粉管长到合适长度(100 μm 左右)时,将花粉放到 1.5 mL 离心管内,低速离心 10 min,吸出萌发液;然后材料立刻用 3.6% 多聚甲醛室温固定 1 h;花粉放入固定液后需马上放于密闭干燥瓶内,用真空泵抽气 6~8 min 以加速固定液进入材料。

川百合花粉固定 1 h 后,用 50 mmol/L 哌嗪-1,4-二乙磺酸(PIPES)缓冲液清洗 3 次,每次 10 min;要充分将材料内多余的固定液洗干净。

2. 微丝标记

从真菌中提取的鬼笔环肽(phalloidin)可以特异地与微丝中的主要组成成分 F 肌动蛋白(F-actin)结合,因此人们将鬼笔环肽与异硫氰酸荧光素(FITC)或者四甲基异硫氰酸罗丹明(TRITC)等小分子荧光素耦合在一起,制成标记微丝及微丝骨架的荧光探针。由于鬼笔环肽的分子量比较小,容易透过细胞壁及质膜进入植物细胞,在标记前,植物细胞不需要进行酶解和 Triton X-100 处理。

本实验使用从 Sigma 公司购买的 TRITC-phalloidin;母液配制请参考附

录试剂配制部分。

标记时,用含 1‰ 二甲基亚砜(DMSO)的磷酸缓冲盐溶液(PBS)将 5 μL TRITC-phalloidin 母液稀释到 100 μL,用 TRITC-phalloidin 标记液在 36 ℃ 黑暗下浸泡花粉 1 h。

材料经荧光探针孵育 1 h 后,用相应 PBS 缓冲液清洗 2 次,每次 10 min。

3. 封片

将标记好的川百合花粉及花粉管放入 50%甘油封片液内,置于 4 ℃下备用。

观察前,用移液器吸取 12 μL 含花粉的封片液,滴到载玻片中央,盖上盖玻片,用透明指甲油封边。

4. 观察标记效果

图 1-20(彩图 12)为川百合花粉及花粉管微丝骨架荧光标记效果。

三、大蒜根尖分生细胞微管免疫荧光标记

(一)实验原理及应用范围

免疫荧光标记技术又称荧光抗体标记技术,是免疫技术中发展最早的一种。它是在免疫学、生物化学和荧光显微镜技术的基础上建立起来的一项技术;其基本原理是利用抗体与相应抗原特异结合的特点,以耦合了荧光分子的抗体对特定抗原进行标记与观察。

免疫荧光标记技术可分为直接免疫荧光标记技术和间接免疫荧光标记技术两种。直接免疫荧光标记技术,是耦合了荧光素的特异抗体直接与细胞内抗原结合的标记方法。而间接免疫荧光标记技术,则是先用未带荧光素的特异抗体(第一抗体)与标本进行反应,然后洗去未反应的第一抗体,再用耦合了荧光素的第二抗体(可与第一抗体特异结合)与标本中的第一抗体反应,使之形成抗原-第一抗体-第二抗体-荧光素复合物,从而使抗原带上荧光素。总体来看,间接免疫荧光标记技术应用比较广泛。

免疫荧光标记技术的主要优点是特异性强、敏感性高、可以通过荧光显微镜或共焦显微镜对细胞特定蛋白分子进行观察。然而,该技术也有明显的缺点,如标记过程相对比较复杂,标记细胞往往需进行固定处理,不易进行活体观察。

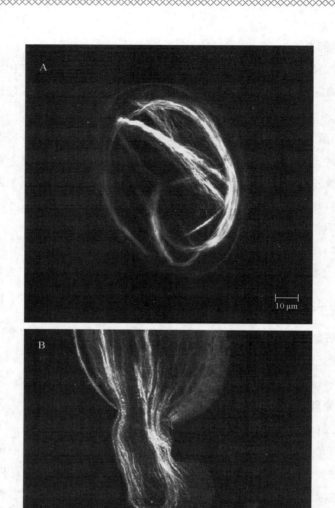

A.花粉内微丝网络;B.微丝在花粉管内呈环绕方式排列

图 1-20　TRITC-phalloidin 荧光标记川百合花粉及花粉管内微丝分布

（二）实验材料及仪器

1. 实验材料

大蒜（现用现买，提前 3～5 d 萌发，材料使用部位是根尖）。

2. 实验仪器

冰箱，真空水泵，恒温干燥箱，低速离心机，恒温摇床，恒温搅拌器，移液器，国产荧光显微镜，pH 计，天平，组化笔，镊子，解剖针等。

3. 实验器皿

培养皿，载玻片，盖玻片，切片盒，各种枪头，枪头盒等。

（三）操作步骤

1. 固定

免疫荧光标记多用多聚甲醛固定。多聚甲醛固定液需要用缓冲液配制，而且要现用现配，一般提前 1 周左右配制即可，浓度多为 4% 左右。国际上报道的配制相应固定液的缓冲液很多，实验中选择 50 mmol/L PIPES 缓冲液，多聚甲醛浓度为 3.6%。

将大蒜根尖尖端 2～3 mm 切下，在 3.6% 多聚甲醛固定液内固定 1 h；根尖放入固定液后马上用真空泵抽气 6～8 min 可有助于加速固定液进入材料。

材料固定 1 h 后，用 50 mmol/L PIPES 缓冲液清洗 3 次，每次 10 min；要充分将材料内多余的固定液洗干净。

2. 酶解

由于植物细胞有细胞壁，而细胞壁会阻碍抗体进入细胞。因此，在抗体孵育之前，需要用酶将细胞壁部分酶解，以便抗体通过细胞壁进入细胞。植物细胞免疫荧光标记多用 1% 纤维素酶和 1% 果胶酶对细胞壁进行酶解。酶解液用 50 mmol/L PIPES 缓冲液配制，也是现用现配，配好后置于 4 ℃ 下备用。

一般情况下，大蒜根尖需要在室温或者 36 ℃ 下酶解 5～20 min；具体时间依酶活性而定。需要提前做不同酶解时间的预实验，以找到材料的最佳酶解条件。

材料酶解后,用 50 mmol/L PIPES 缓冲液清洗 3 次,每次 10 min;要充分将材料内多余的酶液洗干净。

3. 压片及揭片

由于植物根尖细胞紧密连接在一起,为达到较好的抗体标记效果,需要用压片的方法将根尖细胞分散开。

具体操作过程:在载玻片上面放 1 个根尖,用镊尖或镊柄初步将根尖捣碎;然后盖上盖玻片,通过解剖针尖轻敲使细胞在载玻片上分散开;用单面刀片从一角揭开盖玻片;空气干燥数分钟后,用组化笔在盖玻片及载玻片上分别画封闭的圆圈,将有细胞区域圈起来。

以下步骤(4～6)均在载玻片及盖玻片上进行。

4. Triton X-100 处理

在正常情况下,细胞膜也会阻碍抗体进入细胞。因此,无论是动物细胞还是植物细胞,进行免疫荧光标记时都需要用去垢剂处理细胞,以增加细胞膜的通透性。

植物细胞一般用 1‰ Triton X-100 溶液在室温下处理 1 h。1‰ Triton X-100用 50 mmol/L PIPES 缓冲液配制,配好后置于 4 ℃下备用。

材料经 1‰ Triton X-100 溶液处理后,用 PBS 缓冲液清洗 3 次,每次 10 min。要充分将材料内多余的 Triton X-100 洗干净。

5. 抗体标记

大蒜根尖经以上过程处理后,就可以进行抗体标记了。由于可以购买到 FITC 耦合的微管蛋白(tubulin)抗体,本实验选择直接免疫荧光标记方法对大蒜根尖细胞内的微管骨架进行标记。

将 FITC-tubulin 抗体(Sigma)按 1∶40 稀释于 PBS 缓冲液,每张盖玻片或者载玻片的材料上放 30 μL 左右抗体溶液,将盖玻片及载玻片放到合适大小的培养皿中,并将培养皿放于 36 ℃恒温箱内进行抗体反应。抗体孵育时间 1 h。

材料经抗体孵育后,常温下用 PBS 缓冲液清洗 3 次,每次 10 min;清洗要保证充分将材料内多余的未结合的抗体洗干净。

6.封片

将标记好的盖玻片及载玻片分别用50％甘油封片,透明指甲油封边。

7.观察效果

在荧光显微镜或共焦显微镜下进行观察拍照。图 1-21(彩图 13)为大蒜根尖分生细胞微管骨架免疫荧光标记效果。

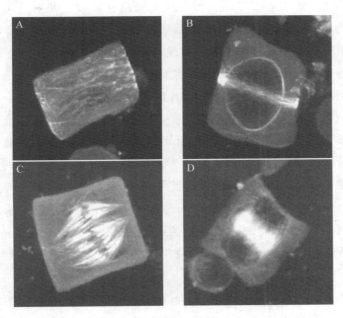

A.间期周质微管;B.早前期微管带;C.中期纺锤体微管;D.末期成膜体微管

图 1-21　FITC-tubulin 抗体直接免疫荧光标记大蒜根尖分生细胞微管分布

第六节　荧光蛋白标记技术

一、荧光蛋白标记技术简介

许多发光海洋生物都带有绿色荧光蛋白(GFP),如水母和珊瑚,这是在黑

35

暗的海水中发光机制的部分原因。从这些生物中分离出的绿色荧光蛋白都具有相似的蛋白质和 DNA 序列,表明它们起源于一个共同的祖先蛋白。最广泛使用和了解透彻的绿色荧光蛋白家族来自太平洋西北部海岸线的水母 *Aequorea victoria*。

野生型绿色荧光蛋白是水母细胞内的一种蛋白质,其多肽序列包含 238 个氨基酸,分子质量是 28 kDa。绿色荧光蛋白在短波光照射下可以发出荧光。所有的 GFP 都有一个由 3 条氨基酸链组成的内在荧光基团。这种荧光基团的显著优势在于它不需外源底物或辅助因子的协助就能产生荧光,使得活细胞的检测无须添加辅助因子、底物或化学染料。

荧光蛋白 CDS 可与目的基因 CDS 构成表达质粒,表达的融合蛋白往往仍具有目的蛋白的特性。尤其重要的是,带有绿色荧光蛋白的融合蛋白在适当波长短波光照射下可发出荧光,因此可以通过荧光显微镜或共焦显微镜对特定蛋白分子的分布及动态进行观察。实际上,任何感兴趣研究的蛋白都能通过遗传融合表达的方法,融合荧光蛋白 CDS,从而使目标蛋白带上特定的荧光标记。带 CFP、GFP、YFP、mCherry 等不同荧光蛋白的融合蛋白在适当波长光照射下可发出绿色或其他颜色的荧光。这些荧光可被荧光显微镜或共焦显微镜所观察和拍照。因此可在活细胞内对特定蛋白的分布与动态进行观察与研究。

荧光蛋白标记技术的发现,不仅为活细胞内蛋白存在与变化的观察提供了理想的标记方法,而且也明显促进了荧光观察与图像采集技术及相关仪器的发展,该技术被称为细胞生物学方面的"绿色革命"。

下村修(Osamu Shimomura)、沙尔菲(Martin Chalfie)和钱永健(Roger Y.Tsien)因在发现和研究绿色荧光蛋白方面做出的贡献而获得 2008 年诺贝尔化学奖。诺贝尔化学奖评选委员会声明说:下村修 1962 年在北美西海岸的水母中首次发现了一种在紫外线下发出绿色荧光的蛋白质,即绿色荧光蛋白;沙尔菲在利用绿色荧光蛋白作为生物示踪分子方面做出了贡献;钱永健让科学界更全面地理解绿色荧光蛋白的发光机理,他还拓展了绿色以外的其他颜色荧光蛋白,为同时追踪多种生物细胞内分子变化的研究奠定了基础。

二、植物荧光蛋白标记方法简介

1. 荧光蛋白融合质粒拟南芥稳定转化方法

通过农杆菌介导的花蕾浸染法转化拟南芥,具体过程如下(以农杆菌 GV3101 转化为例):①构建相应的目标蛋白与荧光蛋白 CDS 融合质粒;②将含有融合质粒的农杆菌 GV3101 接种于 5 mL YEB 液体培养基(Kan 100 μg/mL,Rif 100 μg/mL)中,28 ℃、220 r/min 培养 12～16 h;③取 3 mL 菌液加到 300 mL YEB 液体培养基中,28 ℃、220 r/min 培养 6～12 h;④28 ℃、5 000g 离心 5 min 收集菌体,弃去上清液;⑤加入 300 mL 1/2 MS(体积分数 0.03% Silwet-77)重悬菌体,至 OD_{600}＝0.6～1.0;⑥选取开花良好的拟南芥植株,将花序浸入农杆菌悬液中浸染 30 s;⑦将浸染过的拟南芥植株平放,黑暗处理 24 h 以后在正常生长条件下培养至种子成熟;⑧将收获的 T_0 代种子在 1 mL 消毒液(含有 0.5% 的次氯酸钠和 0.02% 的 Triton X-100)中进行表面消毒 8 min;⑨表面消毒后弃掉消毒液,用无菌水清洗种子 5～6 次,至消毒液完全洗净,于 4 ℃放置 2～3 d;⑩将 4 ℃处理的种子播种在含有筛选标记抗生素的 MS 固体培养基上,放入光照培养箱中培养;⑪生长 14 d 后,挑选根生长正常、长出真叶的幼苗移栽至土壤培养盆,于 19～21 ℃培养室培养至种子成熟;⑫单株收取种子,得到 T_1 代种子;⑬将 T_1 代种子播种在含有筛选标记抗生素的 MS 固体培养基上,选择接近 3∶1 分离群体的抗性植株,种植收获 T_2 代;若 T_2 代种子在选择性培养基中全部具有抗性,则对应的 T_2 代种子便是纯合体。

2. 荧光蛋白融合质粒烟草稳定转化方法

用叶盘法转化烟草,具体过程如下:①构建相应的目标蛋白与荧光蛋白 CDS 融合质粒;②将无菌野生型烟草叶片切成 1 cm×1 cm 的小块(不要主脉),置于无菌水中待用;③将 1 mL 已转化融合质粒的农杆菌液悬浮于 50 mL MS 液体培养基(pH 7.0)中待用;④将切好的叶片置于上述菌液中,侵染 10 min;⑤将侵染后的叶片置于滤纸上,将菌液彻底吸干;⑥在 MS 固体培养基上放置一张滤纸,将叶片放置在滤纸上;⑦28 ℃暗培养 3 d 后,叶片转入 MS 分化培养基上光照培养;⑧待长出愈伤组织和小芽后,将小芽切下转入

MS 固体生根培养基中培养,使小芽生根。

3. 荧光蛋白融合质粒基因枪瞬时转化方法

以烟草花粉基因枪瞬时转化为例,步骤如下:①构建相应的目标蛋白与荧光蛋白 CDS 融合质粒;②打开超净台,用 70%乙醇擦拭超净台内部和基因枪的表面及内部;③打开紫外灯,灭菌 30 min;④按前述步骤准备微弹;⑤将可裂膜、微弹载片、阻拦网和固定环置于 70%乙醇中 10 min,放在滤纸上自然风干;⑥打开氮气瓶,调节压力至 1 300 psi(1 psi=6.89 kPa);⑦将微弹载片安装入固定环中,将金粉涂布于微弹载片上,制成微弹载体;⑧将可裂膜、阻拦网和固定环安装进固定装置中,根据材料设置射击参数;⑨把材料放在托盘上,置于托盘中间的圆圈内,将托盘插入倒数第二挡;⑩打开基因枪的电源,打开真空泵;⑪关闭基因枪的门,按下抽真空键(Vac),当真空表读数达到正确的数值时,使键置于"保持(Hold)"挡;⑫按下射击健(Fire)直到射击结束,按下放气健,使真空表读数归零;⑬打开基因枪门,取出培养皿,完成转化。

三、荧光蛋白标记技术的优点与问题

(1)优点 标记方法规范简单,可以在荧光显微镜或共焦显微镜下对活细胞内特定蛋白的分布与动态进行观察。

(2)问题 看到的永远是外源目标蛋白片段与 GFP 融合蛋白的分布和动态。如果该融合蛋白具有目标蛋白的功能,并参与到正常的细胞代谢过程中,则可以由此反映内源相关蛋白的分布和动态;否则,就是假象。

四、植物荧光蛋白标记材料观察

1. 拟南芥根细胞 GFP-ABD2-GFP 标记微丝观察

植物细胞一般通过微丝结合蛋白或其与 F-actin 结合的结构域进行微丝荧光蛋白标记;目前常用的标记片段主要有 ABD2 和 lifeact。ABD2 是植物微丝结合蛋白 fimbrin 1(丝束蛋白)与微丝结合片段的第二个结构域,其与荧光蛋白构成融合蛋白,可以对植物细胞微丝进行很好的标记。

本实验观察稳定转化与表达 GFP-ABD2-GFP 的拟南芥根细胞,可以看到根细胞内丰富的微丝束(图 1-22,彩图 14)。

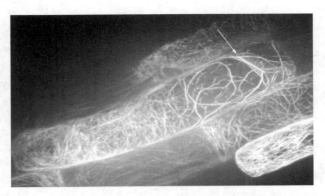

图 1-22 　拟南芥 GFP-ABD2-GFP 转基因根细胞内微丝束

2. 拟南芥根细胞 NAG-GFP 标记高尔基体观察

NAG 是 N-乙酰葡糖胺转移酶（N-acetylglucosaminyltransferase）Ⅰ 的简称，其参与高尔基体中分泌蛋白的糖基化反应，可以作为植物细胞高尔基体标记标志物（marker）。

本实验观察稳定转化与表达 NAG-GFP 的拟南芥根细胞，可以看到根细胞内丰富的高尔基体呈点状分布及运动（图 1-23，彩图 15）。

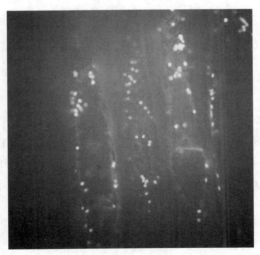

图 1-23 　拟南芥 NAG-GFP 转基因根细胞内高尔基体分布

第二章

研究用光学显微镜

　　显微镜是一类借助物理方法把人眼本不能分辨的微小物体放大成像,满足人类对微观世界进行观察和探究需要的光学仪器,是进行生命科学研究的重要实验仪器。本章实验的目的在于了解各类常用研究用显微镜(明场、暗场、体视、倒置、荧光、偏光、相差、微分干涉差)的基本结构、镜检效果和应用范围,掌握研究用显微镜的柯勒照明法、光轴中心、瞳距、眼点及两眼屈光度的调节方法,掌握各类研究用显微镜的操作方法;掌握显微摄影的基本操作方法。

第一节　明场显微镜

一、目的要求

　　了解研究用明场光学显微镜(简称明场显微镜)的基本构造、观察效果和应用范围;识别物镜、目镜及聚光镜的类别及其光学参数;掌握柯勒照明法、光轴中心、瞳距、眼点及两眼屈光度的调节方法;掌握明场显微镜的一般操作方法。

二、实验材料及仪器

　　(1)明场显微镜及主要附件。

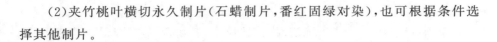

(2)夹竹桃叶横切永久制片(石蜡制片,番红固绿对染),也可根据条件选择其他制片。

三、显微镜介绍

明场显微镜是研究用显微镜的基础类型,其他各类研究用显微镜通常是在明场显微镜的基础上更换、增加各类光学部件而成的。明场显微镜包括机械装置和光学系统两大部分,机械装置一般包括镜座、镜柱、镜臂、镜筒、物镜转换器、载物台、标本推进器、各类调节旋钮等,光学系统包括内置光源、聚光镜、物镜和目镜。机械装置用于连接、支持、操作光学系统,光学系统利用光使被检物体成像。其设计利用了凸透镜成像的基本光学原理:①物体位于凸透镜物方二倍焦距以内、焦点以外时,在像方二倍焦距以外形成放大、倒立实像。②物体位于凸透镜物方焦点以内时,在同侧比物体远的位置形成放大的直立虚像。实现①的是光学系统中的物镜,实现②的是目镜。明场显微镜观察到的像为倒立的像。

显微镜的观察效果与光源、聚光镜、物镜和目镜的光轴以及光阑的中心是否与显微镜的光轴同心密切相关。同时,观察时目镜屈光度调节旋钮位置是否正确、两眼瞳距与眼睛是否位于目镜眼点处等都会影响观察者的体验,进而影响镜检和显微照相的效果。

四、实验内容

(1)明场显微镜(以 Olympus BX51 为例)的基本结构观察。

(2)掌握明场显微镜基本调节方法,通过观察夹竹桃叶横切等永久制片,掌握明场显微镜的操作方法、步骤,了解观察效果。

五、实验步骤

(一)识别并了解光学显微镜的基本结构、特点与功能

研究用显微镜结构如图 2-1(彩图 16)所示。

1. 机械装置

识别镜座、镜柱、镜臂、镜筒、物镜转换器、载物台、制片(标本)推进器、粗调焦旋钮、细调焦旋钮、聚光镜升降调节旋钮等。

(1)镜座　显微镜底部的基座,使其放置平稳。内部装有照明光源,侧部装有光源开关、亮度调节旋钮等。

(2)镜柱　镜座上方的短柱,连接和支持镜体。

(3)镜臂　镜柱上方倾斜的部分。有些显微镜没有明显的镜柱和镜臂之分,统称为镜臂。

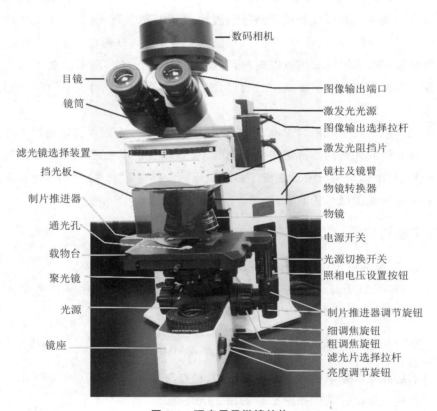

图 2-1　研究用显微镜结构

（4）镜筒　镜臂上端中空的长筒结构，上部安装目镜，下部连接物镜转换器。双筒显微镜镜筒上部分为两个目镜插口，二者可适度内外旋转，调节两个目镜间距离以适应不同观察者的瞳距。通常在一个镜筒插口上还装有屈光度矫正环，可用以矫正操作者双眼屈光度差。镜筒顶部有安装相机（摄像头）的接口，摄像头与计算机相连，进行图像观察及拍照。

（5）物镜转换器　安装于镜筒下端、可自由转动的圆盘，向下有 4～5 个螺口，可安装物镜。转动物镜转换器可使不同放大倍数的物镜对准通光孔用于观察。

（6）载物台　连接于镜柱前部的方形或圆形平台，中部有通光孔保证光线通过。转动调焦螺旋可上下移动载物台。

（7）制片（标本）推进器　安装于载物台上、固定和移动制片的装置，是如横卧的"L"形的标本夹，一侧臂可平贴载物台开合，方便取放及固定标本。载物台下方一侧装有调节旋钮可前、后、左、右移动标本。制片（标本）推进器上常附有纵横游标尺，可计算标本移动距离、标记位置。

（8）调（准）焦旋钮　位于镜柱基部两侧，是同心的粗、细成对的螺旋旋钮，粗的为粗调焦旋钮，细的为细调焦旋钮。旋转调焦旋钮可上下移动载物台。一般进行低倍观察时用粗调焦旋钮，进行高倍观察时用细调焦旋钮。调焦旋钮装有限高装置，以限制载物台上升高度，防止物镜和制片碰撞。

（9）聚光镜高度调节旋钮　位于载物台一侧下方，可以上下移动聚光镜，调节视场照明光线范围和强弱。正常观察时，一般应将聚光镜升到最高点。

2. 光学系统

光学系统包括光源、聚光镜、物镜和目镜。

（1）光源　一般装在镜座内，与聚光镜一起构成显微镜的照明系统，保证光路中的光线明亮、均匀。可用光亮度调节旋钮调节光源光线强弱，开关及调节旋钮多位于镜座的一侧。

（2）聚光镜　位于通光孔下方（图 2-2），由几片凸透镜和孔径光阑组成，可将光源发出的光汇聚于标本上。高低位置通过聚光镜升降旋钮移动。

孔径光阑是一种能控制进入聚光镜的光束大小的可变光阑。研究用显微镜的聚光镜外侧往往有刻度盘,其表面标有刻度,旋转其下方调节螺旋可以改变孔径光阑数值大小,以便选择不同的数值孔径匹配不同的物镜。

研究用显微镜往往有 3 类聚光镜可以选择:阿贝聚光镜、消色差等光程聚光镜和摇入摇出式聚光镜(将阿贝聚光镜的上透镜变成可摇入摇出式)。

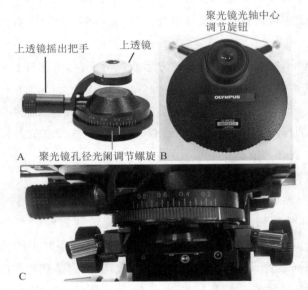

A.摇入摇出式聚光镜;B.不同用途聚光镜组合顶面观;C.安装在显微镜上的聚光镜

图 2-2　聚光镜装置及各类聚光镜

(3)物镜　决定着光学显微镜分辨率的高低。通常物镜转换器下方可安装4~5 个不同放大倍数的物镜;常有 4×、10×、20×、40×和 100×等几种(见图 2-3 和彩图 17,根据显微镜种类不同使用的物镜还有荧光、无应变、微分干涉差、相差等各类型)。一般,10×以下的物镜称为低倍镜,40×的物镜称为高倍镜,100×的物镜称为油镜。使用油镜时需在物镜与盖玻片之间滴加香柏油、甘油或液体石蜡等作为介质,它们能显著地提高显微观察的分辨率。物镜长度与放大倍数相关,通常放大倍数越高物镜越长。

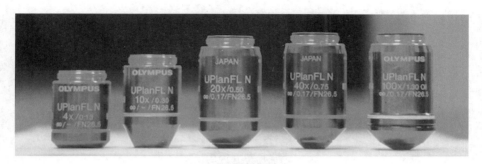

图 2-3　物镜及参数

物镜外壳上刻有放大倍数（如 10×）、数值孔径（如 0.30）、要求的标准镜筒长度（如 160 mm，如标注∞表示对镜筒长无要求）、盖玻片厚度（如 0.17，一表示无要求）、视场数（如 FN26.5）等光学技术参数。同时还可能标注有其他参数如 UPlan（通用，平场）、FL（半复消色差）等参数。

不同放大倍数的物镜工作距离不同。工作距离即看清楚标本时物镜前透镜前缘与被检物体之间的距离，物镜放大倍数越高，工作距离越短。转换物镜时要多加注意。

研究用显微镜出厂时通常是齐焦的，即用某一倍率的物镜观察标本获得清晰图像后，再转换另一倍率的物镜，成像应基本清晰；同时也是合轴的，即转换物镜后图像的中心基本不变。

有些物镜配有矫正环（矫正盖玻片厚度）或虹彩光阑（可调节孔径光阑）。

观察不同放大倍数物镜，熟悉物镜上参数含义。

（4）目镜　插于镜筒上端，为透镜组组成。外侧表面同样标注有放大倍数、视场数等光学参数（图 2-4）。如 10× 是放大倍数，22 表示视场数。目镜外侧还可能标有可戴眼镜观察、高眼点（H）、广视场（W）等符号标志。观察目镜，了解目镜上参数的含义。

图 2-4 目镜及参数

(二)明场显微镜的基本调节及观察永久制片的操作步骤

研究用明场显微镜通常放置在固定位置,使用时揭开防尘布及防尘罩即可。

1. 使用前准备

检查显微镜的部件,确保部件完整(将其他研究用显微镜的光学部件移出光路),光源亮度调节旋钮、载物台、聚光镜位于安全位置(确定光源亮度调节旋钮位于最低档;确定载物台上缘与物镜之间间隔安全距离;聚光镜位于最高位置)。

2. 开机

10 倍物镜对准载物台通光孔,打开光源开关,适当调大光源亮度,使光线明亮而不刺眼。

3. 瞳距的调整

显微镜两个目镜间的距离是可以调节的,不同人两眼的瞳距是不同的,使用显微镜时应首先调整目镜距离与观察者瞳距匹配。如果目镜瞳距未予调整,则很难将整个视场观察得清楚,甚至会出现两眼看到两个视场,较长时间观察,还会出现头晕不适的感觉。

调整时双眼分别对准两个目镜观察,同时双手握目镜镜筒进行微距的开、合调整,直到双眼观察到一个圆形视野。如双眼看到两个分离或交叉的圆形视野,说明两个镜筒距离大于观察者瞳距,需缩小距离。如双眼看到狭窄的视野,说明两个目镜距离小于观察者瞳距,需增大镜筒距离(图 2-5A)。显微镜可匹配的瞳距一般为 50~80 mm(图 2-5B),调整好后,可观察刻度了解并记住自己的瞳距数,便于以后观察时直接调整。

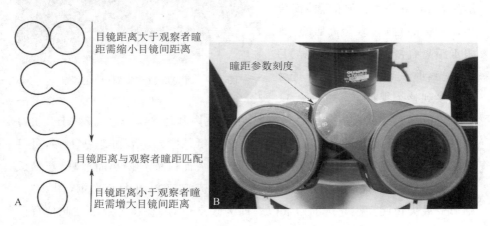

A.瞳距调节示意图;B.瞳距参数刻度

图 2-5　瞳距的调整

4.两眼屈光度的调整

研究用显微镜的观察目镜均为双筒,通常其中一个目镜镜筒中安装有屈光度调节旋钮,可通过调节匹配观察者两眼屈光度的差异。因此使用一台显微镜前,不仅要调整目镜距离以适应观察者两眼的瞳距,还要进行屈光度调节,否则调焦时,两眼不能同时看到清晰图像,还会造成观察者头晕目眩,影响观察效果。

调节时,先用右眼通过右目镜观察(一般右目镜镜筒是固定的),旋转调焦旋钮至图像清晰时,再用左眼通过左目镜观察,但此时不再利用调焦旋钮调焦,而应旋转左目镜筒中的屈光度调节旋钮(图 2-6)至图像清晰时为止,此时两目镜分别匹配观察者两眼的屈光度。

如果观察者两眼的屈光度一致，则注意将左目镜的刻度放在"0"位上即可，无须进行上述调整。

5. 确定眼点

眼点即显微镜光路中的光线通过目镜后汇聚成像的点，研究用显微镜的目镜，多为高眼点（即眼点距离目镜前缘 8～12 mm）目镜，观察时人眼应在眼点附近才能观察到整个视场。

图 2-6 屈光度调节旋钮（白色箭头）

可以通过一张白纸确定眼点位置：关闭室内其他光源，显微镜处于开机可观察状态，将显微镜光源调至最亮，将一张白纸从紧贴目镜处缓缓上移，可见通过显微镜目镜照射到白纸上的光斑逐渐由大而模糊变得小而清晰，至形成一个尖锐明亮的小光斑后继续上移白纸，则光斑又趋向大而模糊（图 2-7）。则形成最尖锐明亮小光斑的白纸位置即为眼点位置，观察者双眼在此位置前后移动就可找到眼点。

二维码 2-1
确定眼点

A.白纸远离眼点，处光斑大而模糊；B.白纸位于眼点处，光斑尖锐且明亮

图 2-7 确定眼点

6. 光轴中心的调整

光源、聚光镜、物镜和目镜的光轴中心以及光阑的中心必须同在一条直线上，这就是显微镜的光轴中心。光轴中心的调整在研究用显微镜的操作中很重要，否则难以取得最佳镜检和显微照相的效果。光轴中心调节包括以下几步。

(1)光源灯丝的调整　开启光源、缩小视场光阑，在视场光阑处放置乳白滤光片(或硫酸纸剪成圆形)，此时即可看到灯丝像。调整时，是利用灯室外方的三个调节旋钮进行调整的，其中一个旋钮可前后移动灯泡，直到灯丝像清晰，如灯丝像不在中央，则利用其他两个旋钮进行上下、左右调整，直到灯丝像完全调至中央为止(Olympus BX 系列显微镜则不需要操作者自行调整，其他显微镜的灯丝调整也应由管理者调整，使用者勿自行调整)。

(2)聚光镜的调整　用 10× 物镜观察视场，缩小视场光阑，调焦至观察到视场光阑的轮廓像(多边形)，如不在视场中央，则利用聚光镜外侧的两个调中旋钮(双手操作要协调)将其调到中央位置，再缓缓开大视场光阑，即看到光阑的轮廓像逐渐增大完全与视场边缘内接，说明已经合轴，否则尚需调整，合轴后略增大视场光阑，使轮廓像刚好处于视场外切或稍大一些，这样最适于观察(图 2-8)。

(3)孔径光阑的调整　孔径光阑安装在聚光镜内，它的增大与缩小不仅限定光束的大小，更主要的是决定聚光镜数值孔径的大小。在研究用显微镜的聚光镜外侧刻有数值孔径的数值(图 2-2A 和图 2-2C)，便于调节聚光镜与物镜的数值孔径相匹配(有的聚光镜外侧没有数值，这样需取下一目镜，眼睛向镜筒内看，可见物镜后透镜处有一个明亮的区域，缩小孔径光阑再慢慢增大，刚好外切于物镜后透镜呈现的明亮圆区时，则聚光镜与物镜的数值孔径已相互匹配)。

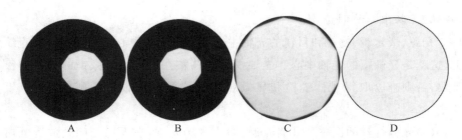

A.缩小的视场光阑,偏离中心;B.调中后的视场光阑;C.放大内接的视场光阑;D.放大外切的视场光阑

图 2-8　聚光镜调中示意图

7.低倍镜观察

完成以上调整后选择制片进行观察。

(1)放置制片　水平外推弹性标本夹把手,使一臂张开,将制片水平放置到载物台标本夹的两臂之间,松开把手固定标本。转动标本推进器旋钮,使观察目标位于对准通光孔处(图 2-9)。

(2)调节焦距　转动粗调焦旋钮至 10 倍物镜镜头前缘距标本表面 2～3 mm(或限高位)处。双眼通过目镜观察的同时缓慢转动粗调焦旋钮下降载物台,至双眼观察到物

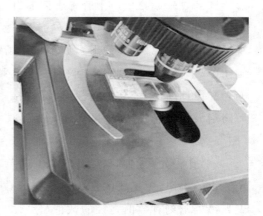

图 2-9　放置制片

像,继续用细调焦旋钮调焦至图像清晰,进行观察。继而可利用标本推进器的旋钮移动标本位置,对不同部位进行观察。在观察过程中可根据标本情况调节聚光镜孔径光阑的大小以达到图像清晰、反差适当。

8.高倍镜观察

需要进一步做放大观察时,旋转物镜转换器,将所需高倍物镜对准通光孔进行观察。高倍镜观察时视场范围缩小,因此需要在低倍镜下将观察目标移

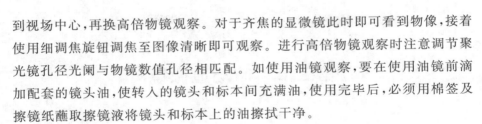

到视场中心,再换高倍物镜观察。对于齐焦的显微镜此时即可看到物像,接着使用细调焦旋钮调焦至图像清晰即可观察。进行高倍物镜观察时注意调节聚光镜孔径光阑与物镜数值孔径相匹配。如使用油镜观察,要在使用油镜前滴加配套的镜头油,使转入的镜头和标本间充满油,使用完毕后,必须用棉签及擦镜纸蘸取擦镜液将镜头和标本上的油擦拭干净。

9. 更换制片

一张制片观察完毕,应转动物镜转换器换回低倍物镜或移开物镜,旋转粗调焦旋钮适当下降载物台,如前述更换制片进行观察,注意制片不要剐蹭物镜。

10. 收显微镜

显微镜使用完毕,应将高倍物镜转离通光孔,下降载物台,取下制片,旋转光亮度调节旋钮至最小并关闭电源。至显微镜光源温度降低(特别是荧光光源)后,罩好防尘罩及防尘布,登记使用记录后离开。

六、观察效果

图 2-10(彩图 18)为不同倍数物镜下椴树茎横切永久制片的图像。

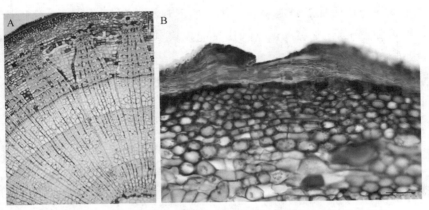

图 2-10 10 倍物镜(A)和 40 倍物镜(B)下观察椴树茎横切永久制片

植物显微技术实验教程

第二节　暗场显微镜

一、目的要求

了解暗场显微镜的基本构造、观察效果和应用范围。

二、实验材料及仪器

（1）暗场显微镜及主要附件。

（2）马铃薯块茎的淀粉粒临时制片。

三、显微镜介绍

暗场显微镜是通过暗场聚光镜实现暗场照明的显微镜。暗场聚光镜改变光源发出的光线照射途径，使其大角度斜射投向被检物体，使照明光线不直接进入物镜，而被检物体表面反射或衍射的光形成明亮图像，进入物镜最终成像。暗场显微镜的优点是能观察到在明场下观察不到的极其微小的物体，其分辨率可为 $0.004 \sim 0.02~\mu m$。但其只能观察到物体的存在、运动及外部形态，很难分辨其内部结构。

暗场显微镜观察到的视场背景黑暗，被检物体呈现明亮的像。

四、实验内容

（1）观察暗场聚光镜，了解暗场聚光镜结构和工作原理。

（2）观察马铃薯块茎中淀粉粒的临时制片，掌握暗场显微镜操作方法，了解观察效果。

52

五、实验步骤

(1)参照图 2-11 观察暗场聚光镜。

(2)打开显微镜(配有暗场聚光镜的 Olympus BX51 显微镜为例)电源开关,上升聚光镜使上表面与载玻片尽量靠近。

(3)将 10 倍物镜转进光路。

(4)按照前述明场显微镜操作步骤(二)1~6 进行瞳距、屈光度、光轴中心等基本调节。

(5)将马铃薯块茎中的淀粉粒临时制片放于载物台上。

(6)对样品聚焦 (会清晰看到载玻片上的灰尘)。直至看到形状、大小不一的淀粉粒的明亮轮廓。注意:淀粉粒内部呈黑色。

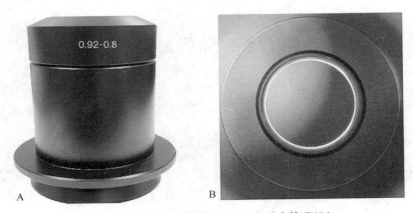

图 2-11　暗场聚光镜侧面观(A)和透光情况(B)

六、观察效果

图 2-12(彩图 19)为暗场显微镜观察到的马铃薯淀粉粒。

53

图 2-12　暗场显微镜观察马铃薯淀粉粒，仅见外部轮廓

第三节　体视显微镜

一、目的要求

了解体视显微镜的基本构造、观察效果和应用范围。

二、实验材料及仪器

（1）体视显微镜及主要附件。

（2）培养皿中的百合花粉粒、拟南芥幼苗、花等。

三、显微镜介绍

体视显微镜又称"实体显微镜""解剖镜"，其不同于一般研究用显微镜的特点主要有以下几方面：①目镜下安装有使像倒转的棱镜，因此人眼通过目镜观察到的像为正像，便于边操作、解剖边观察；②双目镜筒中的光束呈 12°～15°的夹角，即体视角，因此成像具有三维立体感；③物镜通常一个，放大倍数 1 倍(也有配置两个物镜,放大倍数分别为 1 倍、2 倍等),但其上方安装有中间变倍体,可从 0.7～11.5 变换放大倍数,研究用体视显微镜最高放大率可达到约 200 倍;④工作距离长,在低倍观察情况下工作距离可达 159 mm;焦深大,便于观察被检物体的全层;⑤视场直径大,在低倍率情况下,可达 63 mm 左右;⑥配备荧光光源的情况下,可对标本表面进行荧光观察。基于以上特征,利用体视显微镜可进行动植物分类学研究、转基因植物幼苗筛选等工作。

四、实验内容

(1)参照图 2-13 观察体视显微镜结构(以 Olympus 为例),了解体视角、中间变倍体调节旋钮等结构。

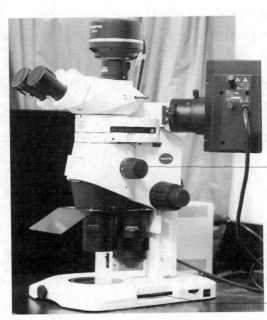

中间变倍体
调节旋钮

背景转换装置

图 2-13　研究用体视显微镜

（2）观察百合花粉粒、拟南芥花等材料，掌握体视镜操作方法，了解观察效果。

五、实验步骤

（1）观察体视镜的目镜、物镜、中间变倍体、载物台、背景调节旋转盘等结构。

（2）打开显微镜电源开关，选择明场背景（根据图像反差等特点选择）。

（3）将中间变倍体旋转至最小值（通常体视镜配有一个 1 倍物镜，如配有 2 个物镜，选择 1 倍物镜）。

（4）按照明场显微镜操作步骤（二）1～5 进行瞳距、屈光度等基本调节。

（5）把放有百合花粉的培养皿放于载物台上。

（6）旋转粗调焦旋钮调焦至看清花粉粒。

（7）调节中间变倍体旋钮，放大观察，图像立体感明显，可选用不同观察背景进行明场、暗场等观察。

（8）可更换拟南芥植株、花观察，可借助解剖针，边解剖边观察。

（9）如配有荧光观察装置，可进行材料的自发荧光观察或对有荧光标记的转基因植物材料进行观察。

六、观察效果

图 2-14（彩图 20）为体视显微镜观察到的拟南芥。

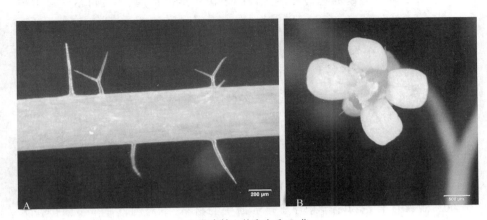

A.花序轴上的表皮毛；B.花

图 2-14　体视显微镜观察到的拟南芥

第四节　倒置显微镜

一、目的要求

了解倒置显微镜的基本构造、观察效果和应用范围。

二、实验仪器和用品

(1)倒置显微镜及主要附件。

(2)培养皿中的百合花粉粒等。

三、显微镜介绍

倒置显微镜适用于组织培养、细胞离体培养、浮游生物及悬浮于液体中的材料的显微观察和研究。由于被检物体均放置在培养皿、特殊载玻片或培养

瓶中,要求倒置显微镜的物镜和聚光镜的工作距离很长,能直接对培养皿中的被检物体进行观察和研究。和一般明场显微镜相比,倒置显微镜的物镜和聚光镜的位置颠倒安置,物镜转换器及物镜位于载物台下方,聚光镜位于载物台上方,因此得名倒置显微镜。研究用倒置显微镜,为更好地对活细胞等透明材料进行观察,往往配有浮雕相衬系统,观察到的图像具有立体浮雕感,可更好地对透明材料进行观察。

四、实验内容

(1)观察倒置显微镜结构,了解长工作距离物镜与聚光镜。

(2)观察百合花粉粒等悬浮于培养皿中的材料,掌握倒置显微镜的操作方法及特殊培养皿的应用,了解观察效果。

五、实验步骤

以 Olympus IX71 显微镜为例,简介浮雕相衬调节方法。

(1)参照图 2-15 观察倒置显微镜的目镜、物镜、聚光镜和光源。

(2)用 10 倍浮雕相衬(RC)物镜,按照明场显微镜操作步骤(二)1~6 进行瞳距、屈光度、光轴中心等基本调节。

(3)取下目镜,用调中望远镜(CT)观察调节器,将 10 倍 RC 物镜对应的狭缝聚光镜内环板移进光路。

(4)调节狭缝的位置使无偏光镜的部分与调节器平面的灰色区域重合,有偏光镜部分的像也要与调节器平面的透明区域重合。

(5)旋转圆形起偏镜可以看到狭缝起偏镜从消失到出现的变化,狭缝最小时取得图像的对比度最大。

(6)重复上述方法调节每一种放大倍率的物镜。

(7)取下 CT 望远镜,重新安装好目镜。

(8)放好标本用 10 倍物镜聚焦观察。

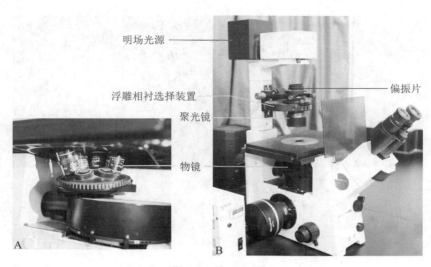

明场光源

偏振片

浮雕相衬选择装置

聚光镜

物镜

A

B

图 2-15 倒置显微镜

　　(9)旋转标本和/或圆形起偏镜获得最理想的图像对比度,对于不同标本来说可能都需要进行适当调节。

　　基于目前倒置显微镜制作工艺的提高,可在工程师调节好显微镜后,省略(3)～(7)步骤。不同物镜观察时可调整聚光镜上方的偏振片,达到好的观察效果即可。

六、观察效果

　　图 2-16(彩图 21)为倒置显微镜的浮雕相衬系统下的观察效果。

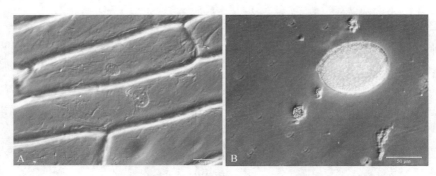

A.洋葱鳞叶表皮撕片；B.百合成熟花粉粒装片

图 2-16　浮雕相衬观察效果

第五节　荧光显微镜

一、目的要求

了解荧光显微镜的基本构造、观察效果和应用范围。

二、实验材料及仪器

(1)荧光显微镜及主要附件。

(2)百合花粉粒、经微管抗体免疫荧光标记的大蒜根尖细胞制片等。

三、显微镜介绍

自然界中有些物质可以经短波光照射后发出波长较长的光即荧光。荧光显微镜就是利用不同波长的短波可见光或紫外光为光源照射被检物体，使物体受激发后发出固有荧光、荧光染色后的二次荧光或免疫荧光等人眼可见的荧光，经荧光显微镜成像系统放大，并被人眼通过目镜进行观察、研究的一种显微镜。荧光显微镜是生命科学研究领域中的重要研究工具。

四、实验内容

（1）观察荧光显微镜结构，了解落射激发光光源及荧光的传播方向，观察激发光滤光片、分光镜、吸收激发光滤光片在光路中的位置、作用，了解荧光光路的视场光阑、孔径光阑及激发光挡板（shutter）的调节或使用方法。

（2）观察百合花粉粒、经微管免疫荧光标记的大蒜根尖细胞制片等材料，掌握荧光显微镜的操作方法，了解观察效果。

五、实验步骤

（1）以 Olympus BX51 荧光显微镜为例，参照图 2-17 观察荧光显微镜的激发光光源控制器、物镜、激发光滤光片、分光镜、吸收激发光滤光片及视场光阑、孔径光阑、激发光挡板等部件。

（2）开启激发光光源控制器的电源开关，此时高压汞灯即产生激发光的光源，待数分钟后即稳定（荧光显微镜的光轴中心应由工程师或实验室负责教师调节，教师示范讲解）。

（3）在载物台上放置川百合花粉制片进行自发荧光观察，选用不同激发光进行镜检。可在不同激发光下看到花粉外壁自发荧光（固有荧光），判断最适激发光，可根据观察情况调整视场光阑和孔径光阑。

（4）在载物台上更换放置微管免疫荧光标记的大蒜根尖细胞制片进行继发荧光的观察，选用匹配的激发光观察制片，可看到处于有丝分裂不同时期的根尖细胞内微管骨架的分布。

（5）注意事项

①激发器开启后，不应随意开闭，如关闭，必须在 15～20 min 后才能再次开启。

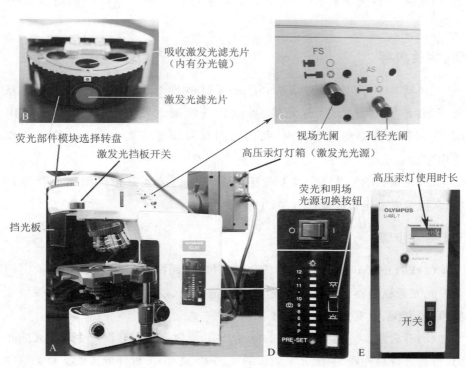

A.荧光显微镜镜体；B.滤光镜模块内部结构；C.视场光阑和孔径光阑拉杆；

D.荧光和明场光源切换按钮；E.激发光光源控制器

图 2-17　荧光显微镜及部件

②荧光会发生衰退，因此观察尽可能在较短时间内进行，不观察时应用挡板遮挡激发光光源。

③油浸物镜应使用荧光镜专用的无荧光油。

六、观察效果

图 2-18（彩图 22）为荧光显微镜下百合花粉粒的观察效果。

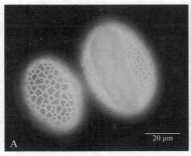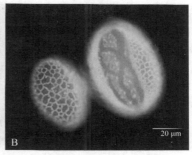

A.蓝色激发光,百合花粉粒外壁自发荧光;B.绿色激发光,百合花粉粒外壁自发荧光

图 2-18　荧光显微镜观察效果

第六节　偏光显微镜

一、目的要求

了解偏光显微镜的基本构造、观察效果和应用范围。

二、实验材料及仪器

(1)偏光显微镜及主要附件。

(2)马铃薯块茎淀粉粒装片等材料(如是切片,不能太薄)。

三、显微镜介绍

偏光显微镜的工作原理是利用安装在聚光镜上的偏振片(起偏镜),使照射材料的光成为仅沿某一方向振动的偏振光,利用安装在目镜下方且与起偏镜允许通过的光的振动方向垂直的偏振片(检偏镜),检验通过材料的光的振动方向是否改变,从而鉴定物质是否具有双折射性(这一过程即正交镜检)。偏光显微镜可分辨、鉴定构成物体的物质具双折射性还是单折射性。偏光显微镜广泛应用于矿物、化学领域。很多生物材料也具有双折射性,如人体及动物体内的骨

骼、牙齿、胆固醇、神经纤维、肿瘤细胞、横纹肌和毛发等,植物体中的纤维、晶体、细胞中的染色体、纺锤丝、淀粉粒、细胞壁等,这些都可利用偏光显微镜加以鉴定。偏光镜检时可在光路中加入石膏、云母及石英等补偿片以进行精细镜检。

四、实验内容

(1)观察偏光显微镜结构,了解起偏镜、检偏镜、伯特兰透镜、石膏补偿片的构造、位置及作用;了解摇入摇出式聚光镜、圆形载物台的设置意义;了解石膏补偿片的作用。

(2)观察马铃薯块茎中的淀粉粒临时制片,了解载物台的调中方法,掌握偏光显微镜的正交检偏操作方法,了解观察效果。

五、实验步骤

(1)以配有偏光装置的 Olympus BX51 显微镜为例,参照图 2-19 观察偏光显微镜的起偏镜、检偏镜、伯特兰透镜、摇入摇出式聚光镜、圆形载物台等部件。

(2)打开显微镜光源开关。

(3)将 10 倍物镜放入光路中,按照明场显微镜操作步骤(二)1~6 进行屈光度、瞳距、光轴中心的调整。

(4)水平旋转起偏镜使之置于"0"的位置,松开固定检偏镜的螺丝后(不同类型的偏光显微镜可固定的是起偏镜还是检偏镜可能不同,这里按照检偏镜可固定的类型说明操作过程),双眼通过目镜观察的同时,缓慢旋转检偏镜至视场达到最暗的位置,此时即处在"正交检偏位(一般偏光显微镜安装时设定正交检偏位即起偏镜和检偏镜均置于"0"的位置)"。固定检偏镜的固定螺丝进行后续操作。

(5)在载物台上放好被检物体,如马铃薯淀粉粒(具双折射性物质)临时制片进行镜检,观察淀粉粒呈现的十字交叉的暗消光位置和明亮的对角位置。围绕物体的光轴中心即十字交叉中心旋转 360°,共有 4 次消光位置和对角位置,也就是有 4 次明暗反复的变化。

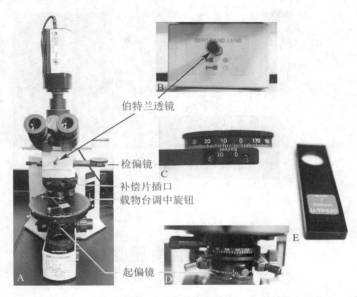

A.显微镜结构；B.伯特兰透镜外部结构；C.检偏镜外部结构；D.起偏镜外部结构；E.石膏补偿片

图 2-19 偏光显微镜（Olympus BX51 显微镜加偏光部件）

（6）通过载物台调中旋钮进行载物台的中心调整（偏光显微镜的载物台中心必须与显微镜光轴中心同轴，教师示范及操作）。

（7）旋转载物台，观察消光位置和对角位置围绕物体的光轴中心的明暗反复变化，可见相邻"消光位置"总是间隔 90°，两个消光位置间 45°的位置总是出现明亮的"对角位置"。

将石膏补偿片推入光路，视野背景颜色呈紫红色，消光位置的颜色与背景一致，明亮的对角位置呈现不同的干涉色。

六、观察效果

图 2-20（彩图 23）为偏光显微镜下的马铃薯淀粉粒。

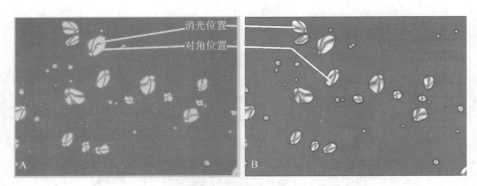

A.正交镜检下的淀粉粒；B.加入石膏补偿片后的观察效果

图 2-20　偏光显微镜下的马铃薯淀粉粒

第七节　相差显微镜

一、目的要求

了解相差显微镜的基本构造、观察效果和应用范围。

二、实验材料及仪器

（1）相差显微镜及主要附件。

（2）洋葱鳞叶表皮撕片临时制片等材料。

三、显微镜介绍

利用普通明场显微镜观察未经染色且本身内部缺少反差的材料，常不能得到好的观察效果，因为具有波动性的光透过透明的、折射率与周围介质折射率不同的物体时，其相位会发生变化，而振幅（明、暗差别）和波长（颜色）的变化不明显，因此无法被人眼识别。相差显微镜可以克服上述问题。相差显微镜的聚光镜下方装有环状光阑，光线通过其透明环后经聚光镜汇聚照射物体，因各部分的光程不同,光线将发生不同程度的小角度偏斜(衍射)。依靠装在物镜内的相板(具有镀有不同膜的共轭面与补偿面),使照射物体同一点的直射光与衍射光发生明显干涉,使相位差转换成振幅差(明暗差别),从而使人眼通过目镜观察到无色透明的标本的结构,可以对活细胞进行高分辨率动态观察。

四、实验内容

(1)观察相差显微镜结构,了解相差聚光镜(下方装有环状光阑)及相差物镜(物镜的后焦点平面处装有相板)的结构和工作原理,掌握相差显微镜的调节方法,利用调中望远镜调整环状光阑所形成的象与相板共轭面完全吻合。

(2)观察洋葱表皮撕片临时制片,掌握相差显微镜的操作方法,了解观察效果。

五、实验步骤

(1)以配有相差部件的 Olympus BX51 显微镜为例,将相差物镜和相差聚光镜安装在显微镜上(图 2-21)。

(2)将聚光镜的转盘旋转至"0"的位置,将 10 倍物镜放入光路中,按照明场显微镜操作步骤(二)1～6进行屈光度、瞳距、光轴中心的调整。

(3)转动转盘至"Ph1"的位置,并将视场光阑开启到最大位置,孔径光阑也应开启至最大位置;调高视场亮度。

(4)卸下一只目镜,换上调中望远镜并缓慢调节其接目镜,看清物镜相板的共轭面与聚光镜环状光阑的亮环,如环状光阑所造成的亮环与共轭面不吻合,则利用相差聚光镜上的两个调节钮进行调节,直至完全吻合(图 2-21C)。

(5)取下调中望远镜,换回目镜进行镜检,若更换物镜,则转盘上环状光阑的数值,必须与物镜倍率相对应,而且必须按第 3 步骤重新调整(Ph1 对应 10 倍和 20 倍物镜,Ph2 对应 40 倍物镜,Ph3 对应 100 倍物镜)。

二维码 2-2
相差显微镜
观察效果

(6)取洋葱鳞叶表皮撕片的临时制片,观察相差物镜的镜检效果。正相差为明中之暗,即标本比背景暗,负相差为暗中之明,即标本比背景明亮(BX51 系列仅有正相差物镜)。

A.安装在载物台下方的相差聚光镜;B.相差物镜;C.环状光阑与共轭面吻合影像

图 2-21　相差显微镜部件及调节

六、观察效果

图 2-22(彩图 24)为明场显微镜和相差显微镜下观察的洋葱鳞片叶表皮细胞,效果差异明显。

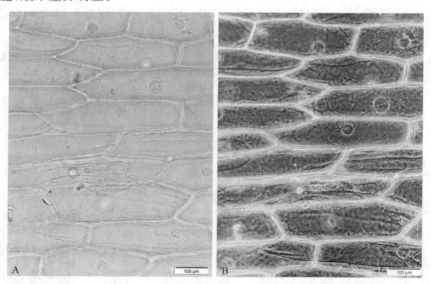

A.普通明场光学显微镜下观察到的洋葱鳞叶表皮细胞;B.相差显微镜下观察到的同样的洋葱鳞叶表皮细胞,细胞核、细胞器等呈现明中之暗的清晰结构

图 2-22　明场显微镜和相差显微镜观察效果对比

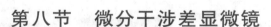

第八节　微分干涉差显微镜

一、目的要求

了解微分干涉差显微镜的基本构造、观察效果和应用范围。

二、实验材料及仪器

(1)微分干涉差显微镜及主要附件。

(2)洋葱表皮撕片临时制片等材料。

三、显微镜介绍

微分干涉差显微镜是利用偏光干涉原理的一种光学显微镜。光路中安装有偏振片和诺马斯基棱镜等装置,从起偏镜出来的偏振光通过下诺马斯基棱镜后,分成振动方向相互垂直的两束偏振光。两束光分别在距离很近(△ 小于显微镜的最小分辨距离)的两点上通过被检物体,两束光在相位上略有差别。两路光通过物镜后,经第二组诺马斯基棱镜相吻合,再经过检偏镜后使它们振动方向一致而发生干涉,从而形成较连续的明暗反差,构成具有浮雕感的图像。因此微分干涉差显微镜与相差显微镜相似,可以观察到在普通明场显微镜下无法分辨的无色透明标本,可以对活细胞进行动态观察。由于微分干涉差显微镜观察的影像呈立体浮雕状,观察效果较相差显微镜更具艺术感。

四、实验内容

(1)观察微分干涉差显微镜结构(图 2-23),了解起偏镜、上下诺马斯基棱镜、检偏镜的位置及作用。学习调试方法,利用调中望远镜调节起偏镜。旋转中间镜筒的棱镜移动旋钮,选用与被检物体最理想的反差干涉色。

　　(2)观察洋葱表皮撕片临时制片,掌握微分干涉差显微镜的操作方法,了解观察效果。

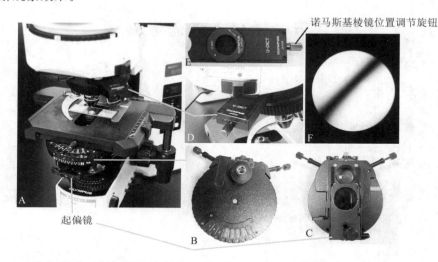

A.微分干涉差显微镜,示主要部件位置;B.聚光镜上面观;C.聚光镜下面观,示起偏镜;D.示安装在物镜上方的诺马斯基中间镜筒;E.诺马斯基中间镜筒(内有检偏镜);F.去掉目镜,对焦后从镜筒中看到的物镜后焦点平面上居中的黑色干涉条纹

图 2-23　微分干涉差显微镜部件及调节

五、实验步骤

　　(1)以配有微分干涉差部件的 Olympus BX51 显微镜为例,将诺马斯基中间镜筒和诺马斯基聚光镜安装在显微镜上。

　　(2)将聚光镜中的转盘旋转至"BF"(明场)的位置,将 10 倍物镜放入光路中,按照明场显微镜操作步骤(二)1~6 进行屈光度、瞳距、光轴中心的调整。

　　(3)进行起偏镜的调节。转盘在 BF 位置,起偏镜和中间镜筒及检偏镜在光路内;卸去一个目镜,换上调中望远镜(CT)或直接通过镜筒观察,对焦后当看到物镜后焦点平面上的干涉条纹时,缓慢地旋动中间镜筒内的棱镜移动旋钮,就能看到黑色干涉条纹。缓慢地转动起偏镜,至这一黑色干涉条纹达到居中、最清晰后,固定起偏镜(此时起偏镜白点在前面最中间部位,图 2-23F)。

（4）卸下调中望远镜换回目镜，将聚光镜转盘转到 DIC10 位置，用 10 倍物镜观察洋葱鳞叶表皮撕片的临时制片，看清材料后，缓慢旋转上诺马斯基棱镜的移动旋钮，则背景的干涉色由黑色到蓝色连续地变化。选用与被检物体相应的最理想的反差干涉色进行镜检观察。一般背景成灰色（敏锐色），可进行灵敏度最好的观察。根据需要选用其他物镜观察，注意聚光镜转盘 DIC10 对应 10 倍物镜，DIC20 对应 20 倍物镜，DIC40 对应 40 倍物镜，DIC100 对应 100 倍物镜。

注意：载玻片、盖玻片的厚度要符合标准。标本的表面不能有污物；具有双折射性的物质不能达到微分干涉镜检的效果。

二维码 2-3

微分干涉差
显微镜观察效果

六、观察效果

图 2-24（彩图 25）为明场显微镜和微分干涉差显微镜下观察的洋葱鳞叶表皮细胞，效果差异明显。

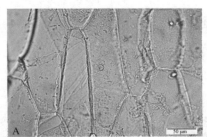

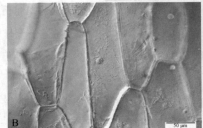 

A.普通明场光学显微镜下观察到的洋葱鳞叶表皮细胞；B 和 C.微分干涉差显微镜下观察到的同样的洋葱鳞叶表皮细胞，细胞核、细胞器等呈现浮雕感的清晰结构，旋转上诺马斯基棱镜的移动旋钮后呈现的效果不同

图 2-24 明场显微镜和微分干涉差显微镜观察效果对比

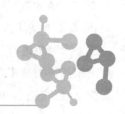

第三章 显微摄影技术

一、目的要求

在掌握各类研究用显微镜操作的基础上,通过实验了解显微照相装置及操作技术。

二、实验材料及仪器

各类研究用显微镜及配套成像系统。

三、原理简介

目前,研究用光学显微镜摄影系统一般采用高分辨率 CCD 成像技术。CCD 是数码相机用来感光成像的部件,是数码影像产品的"心脏",即成像的最主要部分;其全名为电荷耦合器件(charge coupled device),它由一种高感光度的半导体材料制成,可以把光信号转变成电荷,再通过模数转换器芯片转换成数字信号,数字信号经过压缩以后由数码相机的存储卡或计算机硬盘保存,因而可以把光信号转换成数据传输给计算机。CCD 面积越大,捕获的光子越多,感光性能越好,信噪比越低。

冷 CCD(cooled CCD)可以通过主动制冷,使 CCD 的芯片温度低于环境温度;这样可以明显降低背景噪声,提高检测的灵敏度,提高对弱光(荧光)的捕捉能力。目前荧光显微镜拍照往往需要配置冷 CCD。

四、实验内容

学习显微照相相关的显微镜使用方法及显微照相软件的操作。

五、实验步骤

(一)明场摄影

(1)以 Olympus BX51 显微镜为例,显微镜的光路选择拉杆放置在全拉出(光线全部进入摄影目镜)或半拉出(光线同时进入观察目镜和摄影目镜)位置(图 3-1)。

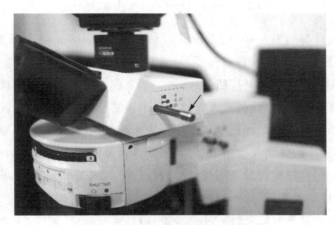

图 3-1　光路选择拉杆(箭头处)

(2)打开电源开关并按照明场显微镜操作步骤进行瞳距、屈光度、光轴中心等基本调节。

(3)检查并确认色温平衡滤光片(LBD)已在光路内(图 3-2),然后按下照相电压预设按钮(PRE-SET,绿色)使显微镜光照达到相机要求色温;根据光源强度选择添加不同的中灰滤光片(ND6 或 ND25)进入光路,使目镜中光线强度适于眼睛观察。

(4)选择制片进行观察。注意拍照时应将聚光镜数值孔径缩小到所用物镜数值孔径的 60%～80%,这样可以提高照片反差效果。

电压预设按钮

中灰滤光片选择拉杆

色温平衡滤光片

图 3-2　机身下侧的各种滤光片选择拉杆

（5）打开计算机及显示屏，双击开启桌面上的 cellSens Entry 软件，操作工具栏等主要位于上部及右侧。

（6）点击右侧实时观察按钮，显示屏显示当前物镜下观察的图像。注意在图像右上方的工具栏中选择放大倍数与显微镜物镜的放大倍数匹配。

（7）选择需要拍照的部位移动到屏幕中央或取景框中，并利用显微镜细调焦旋钮调节屏幕图像使其清晰（也可利用软件自带辅助调焦设置如放大镜、辅助调焦按钮）。可根据背景或图像色彩进行白平衡或黑平衡调节，根据需要选择利用软件自动曝光（需选择曝光区域）或手动曝光装置调节曝光。

（8）图片如需带有标尺，检查图像右下角是否有标尺，如没有，点击工具栏"视图"中的"添加标尺"，自行添加。

（9）根据需要使用取景框确定拍摄范围或全屏拍摄，记录图像。拍照时勿震动放置显微镜的桌面，否则可能导致图像异常。

（10）拍摄好的图像需点击工具栏"图像"中的"印入信息"，标尺及总放大倍数等可留存在保存后的图片中，图片保存根据需要选择 tif/jpeg 等格式。

（二）荧光摄影

基本操作与调节与明场摄影相同，需注意以下方面。

（1）由于荧光很弱，荧光摄影时尽量关闭室内灯光，且通常选择将显微镜的光路选择拉杆放置在全拉出（光线全部进入摄影目镜）位置（图 3-1）。

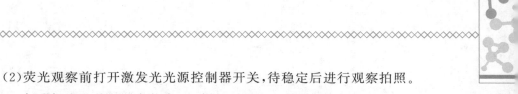

（2）荧光观察前打开激发光光源控制器开关，待稳定后进行观察拍照。

（3）如明场光源处于开启状态，注意在显微镜机身右侧将光源切换开关置于选择使用落射光源状态（图 2-17D）。

（4）转动物镜上方荧光部件模块选择转盘，选择合适的荧光光路通道（图 2-17A）。

（5）可在明场观察下找到观察对象，也可直接在荧光观察状态找到观察对象。

（6）荧光拍照一般用手动曝光（调至背影黑暗且标记物荧光清晰，背景可进行黑平衡），若选用自动曝光需选择最小曝光区域并将曝光区域框置于荧光明亮处，达到背景黑暗效果（图 2-18）。

附　录

一、共焦激光扫描显微镜简介

1. 共焦显微技术的发展历史及应用背景

1957年,马文·闵斯基(Marvin Minsky)提出了共焦显微技术的部分基本原理,10年以后,第一个光学切面被埃格尔(Egger)和佩特兰(Petran)使用一种共焦显微镜成功展示。1970年,一种新型的共焦显微镜在牛津和阿姆斯特丹同时向科学界推荐,在1977年这项技术革新是与构成共焦成像几何学的基础理论结合起来的,提出人是谢帕德(Sheppard)和威尔逊(Wilson),他们也首创了对光与被照明物体的原子之间的非线性关系的叙述和使用激光扫描器的拉曼光谱学的理论叙述。

1978年,布兰肯霍夫利用改进的高清晰度的共焦显微镜首次进行了有说服力的实际示范;而荧光素标记的生物材料的光学横断面的首次成功示范是由雷桑特(Resandt)在1985年实现的;同样在1985年,Voort等提出完全集成型的共焦显微镜的描述,其中包括高性能的光学透镜、高灵敏度的检测器,功率足够并能产生正确波长的激光源,以及用于扫描机械控制重显三维图像所需的极大数量数据的存储和管理的集成化计算机系统。这些仪器,现在被看成是以激光作为光源装备起来的第一代显微观察仪器。

在用荧光显微镜观察时,焦平面以外荧光也会被目镜所看到,会导致在观察较厚标本或用较高倍物镜观察时,荧光图像总是被焦平面以外荧光干扰,造成荧光图像总是较模糊,就像被云笼罩着一样,这种现象被称为"光晕现象"。

"光晕现象"严重干扰荧光图像的观察与采集。使用共焦激光扫描显微镜进行观察及图像采集,可以在相当程度上解决荧光显微镜观察与拍照的光晕现象,从而可获得更清晰的图片。

从 20 世纪 90 年代到现在,共焦激光扫描显微镜在生物荧光标本观察方面得到广泛应用,已成为荧光图像观察与拍照的重要仪器。

2. 共焦激光扫描显微镜类型

(1)点扫描共焦激光扫描显微镜 分辨率高,图像清晰;噪声低;采集图像速度慢,目镜中观察不到共焦图像(常规共焦激光显微镜,在荧光材料观察与拍照方面有广泛应用)。

(2)转盘式扫描共焦显微镜 扫描速度快,分辨率较高,图像清晰(目前在活细胞快速运动荧光观察方面有很好的应用)。

(3)线(狭缝)扫描共焦显微镜 分辨率低,噪声高,扫描速度快(可达 240 幅/s),目镜中可观察到共焦图像(目前已很少应用)。

3. 共焦显微镜原理

共焦激光扫描显微镜应该包括:荧光显微镜、激光源、计算机控制系统(包括专用软件)和共焦扫描系统。

共焦显微镜往往用点光源激发。该点光源在标本焦平面上产生一个相应的亮点。由焦点面辐射的荧光被物镜放大,并最终被探测器接收。光源与探测器前都有针孔(pin hole)安在光路上。这种排列对于焦平面而言,在几何学上是成对结合的。也就是只有来自焦平面特定点上的光,可以通过针孔,而此点以外的光将被挡住。这样,传统荧光显微镜上发生的焦平面以外荧光干扰现象就不会出现了。理论上收集的焦平面上每一个点的图象都是清晰的。当把它们按实际分布整合起来就构成标本的光学切面。

从理论上说,共焦激光扫描显微镜没有焦深。

4. 共焦显微镜的特点

在传统的点扫描共焦显微镜中,所有结构都离焦(out of focus),并隐蔽在图像系统之中,此效果的获得是材料一个点接一个点地被照明和成像的缘故。

比起传统显微镜的性能,共焦显微镜提供的主要改进可以概述如下:

(1)焦平面以外的光线不被记录。

(2)离焦不产生模糊现象,这个特征就称为光学切片(optical sectioning)。

(3)真正的三维数据系统可以被记录下来。

(4)可按 X/Y 方向以及按 Z 轴方向沿着光轴扫描物体,因而允许人从物体的所有方向来观察它。

(5)因为在焦平面上的照明光点尺寸小,所以荧光"光晕现象"减少到最小程度。

(6)使用图像处理方法,可将许多片图像叠加,形成一个真正的三维图像。

与传统显微镜相似,共焦显微镜的成像清晰度受照射光的波长及物镜的数值孔径限制;但是,因为共焦显微镜光路使用 2 次衍射图象限制点,共焦显微镜的实际清晰度在同样条件下要比传统微镜好 1.4 倍。

5. 共焦成像系统的结构设计

下面的元件是共焦显微镜的典型设备:

(1)激光光源,它应有足够的强度,允许选择适当的波长组合。

(2)用于移动照射光束扫过标本的扫描器。

(3)用于记录由物体发射来的光信号的检测器,这些检测器通常设计用来检测荧光和反射光;点扫描共焦激光显微镜的检测器一般是光电倍增管,转盘式扫描共焦激光显微镜的检测器一般是极敏感的低温 cooled-CCD。

(4)计算机系统,包括控制硬件与数据库部分的中央处理装置,同时用于储存和处理图像数据。

(5)研究用显微镜系统,必须带有普通荧光装置。

6. 共焦显微镜技术的应用

共焦显微镜的应用是很广泛的,材料科学、医学和生物学是其主要应用领域。现在,在生物学和医学中主要有以下 3 个方面的应用:

(1)在反射模式中细胞结构的三维分析。

(2)许多独立荧光信号的同时检测。

(3)定量测定与三维图像分析。

7. 共焦显微镜发展(突破荧光显微镜衍射极限)

德国 Hell 实验室 2000 年在《美国科学院院刊》(PNAS)上发表文章,提出利用受激发射损耗(STED)原理,可以突破荧光观察的衍射极限。他们的文章显示,在 STED 显微镜下,最小衍射斑半径从传统共焦镜的 240 nm,可以减小到 48 nm,这样就把荧光观察的分辨率提高了 5 倍,突破了传统光学显微镜的衍射极限(Klar 等,2000)。有关评论指出:流行了一个多世纪的阿贝提出的"光的衍射极限"将肯定被打破。新的方法将使光学显微镜的最小分辨距离缩小至 15～20 nm,有效放大率可达到近 2 万倍。人们将有可能看到活细胞内大分子的相互作用(Weiss,2000)。

2005 年 12 月,Hell 实验室在 PNAS 上发表文章,证明在较低强度光照射下,也可以突破荧光显微镜的衍射极限。这为超分辨率荧光显微镜的应用,开辟了更广阔的空间(Hofmann 等,2005)。

2006 年 4 月,Hell 实验室在 *Nature* 上发表文章,报道 STED 显微镜在活细胞观察方面的应用。光学显微镜的衍射极限被打破应该已经被公认了。该文章报道的最小分辨距离达到 20～30 nm(可以分辨神经细胞的单个分泌囊泡);在其他有关实验中可达到 8 nm(Willig 等,2006)。

2006 年 9 月,贝齐格等在 *Science* 上发表文章,他们发明的光敏定位显微镜(PALM)可在荧光观察条件下达到 10 nm 的最小分辨距离(Betzig 等,2006)。

2006 年 9 月,庄晓薇实验室发表文章,他们发明的随机光学重建显微镜(STORM)可在荧光观察条件下达到 20 nm 的最小分辨距离(Rust 等,2006)。STORM 工作原理与 PALM 类似。都是通过选择性开关荧光分子,分别计算荧光分子的精确中心位置,以突破荧光衍射极限。

2009 年 12 月,*Nature* 刊发文章介绍目前显微镜技术的进展(Chi 等,2009)。重点介绍了 3 种突破可见光衍射极限的光学(荧光)显微镜。STED 显微镜(100 nm;Leica),PALM(20 nm;Zeiss),STORM(20 nm;Nikon)。

2010 年,细胞生物学重要综述刊物 *Annual Reviev of Cell and Developmental Biology* 刊发文章,对近 10 年光学显微镜的进展做了详细的介绍

(Toomre 和 Bewersdorf，2010)。

2014 年,黑尔、贝齐格和莫纳三人因超分辨率荧光显微镜研究获得诺贝尔化学奖。诺贝尔化学奖评选委员会 2014 年 10 月 8 日声明说,长期以来,光学显微镜的分辨率被认为不会超过可见光平均光波波长的一半,这被称为"阿贝分辨率"。借助荧光分子的帮助,今年获奖者们的研究成果巧妙地绕过了经典光学的这一"束缚",他们开创性的成就使光学显微镜能够窥探纳米世界。如今,纳米级分辨率的显微镜在世界范围内广泛运用,人类每天都能从其带来的新知识中获益。声明还说,黑尔于 2000 年发明出受激发射损耗(STED)显微镜,他用一束激光激发荧光分子发光,再用另一束激光消除掉纳米尺寸以外的所有荧光,通过两束激光扫描样本,呈现出突破"阿贝分辨率"的图像。贝齐格和莫纳通过各自的独立研究,为另一种显微镜技术——单分子显微镜的发展奠定了基础,这一方法主要是依靠开关单个荧光分子来实现更清晰的成像。2006 年,贝齐格第一次应用了这种方法(超分辨率荧光显微镜-PALM)。因此,这两项成果同获 2014 年诺贝尔化学奖。

二、单分子荧光成像技术简介

受传统光学显微镜空间分辨率的限制,植物活体状态下膜蛋白的动态特征研究还不是很透彻。近年来,随着荧光显微术的迅猛发展,几种活体细胞单分子成像技术被开发出来,并且被应用到植物膜蛋白的研究中。单分子成像技术是指在荧光标记基础上,运用现代分子成像技术,对单个蛋白或者蛋白聚合体运动特性和运动规律进行观察和分析的技术。单分子成像技术的高分辨率特性,可实现在纳米水平上观察蛋白分子的运动及分布状态(Joo 等,2013)。因此,单分子荧光成像技术为膜蛋白扩散动力学的相关研究提供了新方法和新视角。

1. 全内反射荧光显微术

全内反射是一种普遍存在的光学现象,当一束平面光波从玻璃表面进到溶液中,入射光在玻璃表面上会一部分发生反射,另一部分则透射进溶液(王琛等 2002)。由于光具有波粒二相性属性,有一部分光的能量会穿透界面渗透至光疏介质中，并沿着与界面平行的方向进行传播，这部分能量被称为"隐失波"(evanescent wave)(范路生等，2011)。隐失波的能量会垂直于两种介质的表面进行传播，其强度随着与界面距离增加呈指数衰减的趋势，这种高对比度成像技术适合观察细胞质膜表面或者近膜区的蛋白分子运动。

全内反射荧光显微镜是全内反射这种光学现象在光学显微镜领域的应用。全内反射显微成像是采用隐失波照明，当入射光以大于临界角的入射角度从固相介质（如载玻片）射向液相介质（如水、细胞质）时，液相介质中将产生一个深 100～200 nm 的隐失场，只有这个小范围内的荧光分子将被激发，而在这个范围以外的荧光分子则完全不受影响。因此，该技术可以用于研究细胞质膜上以及近膜区蛋白的运动(Schneckenburger，2005)。

全内反射荧光显微术（total internal reflection fluorescence microscopy，TIRFM)具有较高的时空分辨率，对样品的损伤程度较小，并且适用于活体样品检测。但植物中存在细胞壁(厚 50～300 nm) 的限制。Wan 等(2011)在全内反射荧光显微镜上装载了可调入射角角度的装置，能够在活体植物中实现膜蛋白的动态观测，并将此技术称为可变角全内反射荧光显微镜(variable-angle total internal reflection fluorescence microscopy，VA-TIR-FM)，并应用在活体植物细胞膜蛋白的研究中(Li 等，2011；Li 等，2012；Fan 等，2013；Hao 等，2014；Wang 等，2018)。

2.活体细胞内荧光相关光谱分析

荧光相关光谱(fluorescence correlation spectroscopy，FCS) 和荧光互相关光谱(fluorescence cross-correlation spectroscopy，FCCS)指应用样品中荧光分子的荧光强度随时间变化，而进行分析检测的荧光光谱技术，是在涨落光谱技术(fluorescence fluctuation spectroscopy)的基础上衍生而来的。通过检测某一微小区域内荧光信号的瞬时涨落变化，对这些波动信息进行时间相关函数分析，获得该荧光分子的扩散时间、扩散系数、浓度等相关信息(张普敦等，2005)。FCS 提供了一个适当的时空分辨率，最小激发区域以及高分辨率等(Edman，2000)。

20 世纪 70 年代，FCS 首次被开发出来并应用在单分子分析上，为研究活

体细胞的分子扩散等提供了依据（Bacia 等，2004）。

为了研究分子间的相互作用，Eigen 和 Rigler 首先提出了荧光互相关光谱（FCCS）的概念（Schwille 等，1997），随后由 Schwille 等在实验中成功应用，可用于被检测微区内区分两种或两种以上动力学行为相近的不同分子（Bacia 等，2007）。

近年来，FCS 越来越多地被应用到细胞膜研究中，如配体与受体之间的绑定、膜结构以及膜相关蛋白之间的互相作用等。如拟南芥细胞膜上水通道蛋白 PIP2;1（Li 等，2011；Li 等，2016），环磷酸腺苷反应元件结合蛋白 1（CREB1）单体和二聚体之间激活和阻遏观测（Sadamoto 等，2011）。

近几年来，FCCS 技术也得到了很快的发展，并且已经拓展出许多衍生的技术，包括 DC-FCCS（dual-color FCCS）、SW-FCCS（single-wavelength FCCS）、TP-FCCS（two-photon FCCS）、PIE-FCCS（pulsed interleaved excitation FCCS）等（Max 等，2014）。

三、相干拉曼散射显微术简介

相干拉曼散射显微术（coherent Raman scattering microscopy）是一类基于拉曼散射的无标记的光学显微成像方法，主要包括相干反斯托克斯拉曼散射（coherent anti-Stokes Raman scattering，CARS）和受激拉曼散射（stimulated Raman scattering，SRS）（Min 等，2011；陈涛等，2012；Xu 等，2021）。

CARS 和 SRS 显微术可以通过选择振动光谱对生物体内的特定分子进行无标记成像，如小分子药物、生物大分子核酸、蛋白质、脂类等，灵敏度高，是一种极有潜力的活体（*in vivo*）成像技术（陈涛等，2012）。目前该技术广泛应用到生命科学领域的研究工作中（Ding 等，2012；满奕等，2015；Man 等，2018；Zhu 等，2019；郭亚玉等，2020），Zhao 等（2019）对 CARS 和 SRS 优缺点及其他拉曼显微技术进行了对比分析。SRS 具有较高的灵敏度、分辨率、速度和特异性，Hu 等对其化学键成像方法进行了详细报道（Hu 等，2019）。

四、常用固定液配方

1. 甲醛-醋酸-乙醇(简称 FAA)固定液

50%或 70%乙醇	90 mL
冰醋酸	5 mL
甲醛	5 mL

此固定液中的冰醋酸及甲醛的比例,常根据材料而略加改变,一般来讲,容易引起收缩的材料,则宜增加冰醋酸,减少甲醛的含量;坚硬的材料,可略减少冰醋酸而增加甲醛,其比例常常需根据制片者的经验来定。

2. 铬酸-醋酸-甲醛固定液,又称冷多夫(Randoph)固定液

甲液	铬酸	1.5 g
	冰醋酸	10 mL
	蒸馏水	90 mL
乙液	甲醛	40 mL
	蒸馏水	60 mL

3. Bouin's 固定液(固定后不能用水冲洗,需用 70%乙醇冲洗)

甲液	1%铬酸	50 mL
	10%醋酸	20 mL
乙液	甲醛	10 mL
	饱和苦味酸水溶液	20 mL

注意:上述冷多夫、Bouin's 两种固定液,其甲液中均含有铬酸(为强氧化剂),乙液中均含有甲醛(为还原剂),因此,这两种固定液的甲、乙两液不能先混合配制,用时等量混合。冷多夫固定液的甲、乙两液混合后为橙色,材料在此液中固定 12~48 h,如固定液呈现绿色时,即表示固定能力已消失,仅有临时保存作用,一般室温可保存 1~2 周,低温可保存 1~2 个月。时间过长,因甲醛挥发,材料会发霉、变软。材料大的,可连续两次固定。材料在 Bouin's 固定氏液中固定时间不得超过 48 h,否则材料易变脆,因此不能作为保存液。

4. 卡诺氏液（Carnoy's fluid）

无水乙醇	3 份
冰醋酸	1 份

此液渗透力很强，常用于压片法和涂片法。有些材料有茸毛，固定液不易渗透，可先用卡诺氏液处理 1～5 min，再换入其他固定液。

5. 试剂配制

（1）染色液配制：将 0.05％甲苯胺蓝-O 溶在 pH 4.4 的 0.02 mol/L 苯甲酸钠缓冲液内。缓冲液配制：将 0.25 g 苯甲酸和 0.29 g 苯甲酸钠溶在 200 mL 蒸馏水中，过滤备用。

（2）50 mmol/L PIPES 缓冲液

PIPES	7.56 g	4.536 g
蒸馏水	500 mL	300 mL
pH 6.9		

（3）3.6％多聚甲醛固定液

1.8 g 多聚甲醛溶解于 50 mL 50 mmol/L PIPES 缓冲液内；需 60℃加热 1 h 以上，直至多聚甲醛彻底溶解。

五、常用染料配方

1. 海登汉氏苏木精（Heidenhain's hematoxylin）

甲液（媒染剂）

铁明矾	2～4 g
蒸馏水	100 mL

甲液应保藏于暗处，保存在冰箱中，以防止沉积物附于瓶壁上。久置会产生黄棕色薄膜，过滤后仍可用，2 个月以上性能渐退，最好用临时配制新鲜液。

乙液（染液）

苏木精	0.5 g
蒸馏水	100 mL

乙液在使用前 3～6 周配制（时间越长越好）。将 0.5 g 苏木精放入

100 mL 蒸馏水中,配制在烧杯内,盖上纱布,放在通风阳光处,每天用玻璃棒搅拌,使其充分氧化。开始溶液呈混浊状,4～5 d(看当时室温)后,变为葡萄酒状(深红色)透明液,即为"成熟",经过滤后可用。如果在溶液中加 1～2 滴甘油,可提高染色效果,且保存时间长。欲加速苏木精的成熟(氧化),可加过氧化氢(双氧水)5～10 mL 或煮沸,用强光照射在溶液上,并时常用玻璃棒搅拌溶液,大约 45 min 即可用,但效果不如自然氧化的苏木精好。

上述甲、乙两液不能混合,应用时也不能混合,染色时按前面所述步骤进行。

2. 番红

番红为碱性染料,可将木化、角化、栓化细胞壁及染色体、核仁等染为不同程度的红色。常与固绿、亮绿、苯胺蓝等染料进行二重染色,或与结晶紫、橘红进行三重染色。

常用的配方为:

番红(Saframn)	1 g
50%乙醇	100 mL

还有以下配法:

(1)番红	1 g
95%乙醇	100 mL
(2)番红(水溶性)	1 g
蒸馏水	100 mL
(3)番红	4 g
甲赛珞素	200 mL
蒸馏水	100 mL
95%乙醇	100 mL
醋酸钠	4 g
甲醛	8 mL

先溶解 4 g 番红于 200 mL 甲赛珞素中,至完全溶解再加 100 mL 95%乙醇及 100 mL 蒸馏水,加醋酸钠可使染色效力增加。甲醛有媒染作用,染色时

间 12～24 h。

3. 固绿(fast green)

固绿又名快绿，是酸性染料，可与番红进行二重染色。

固绿	0.5～1 g
95％乙醇	100 mL

染色时间很短，约 1 min，染色后不易褪色，可长期保存，因此，应用很广。

4. 石炭酸-品红(carbol fuchsin)

又名卡宝品红，染细胞核及染色体，为压片法观察研究细胞核、染色体的最佳染色剂。其配方有 2 种，各适用于不同材料。

配方Ⅰ：此液由于其中含有较多的甲醛，可使原生质硬化，适用于植物细胞原生质培养中的细胞核和核分裂的染色。

A 液（长期保存）：

碱性品红	3 g
70％乙醇	100 mL

B 液（2 周内使用）：

A 液	10 mL
5％石炭酸水溶液	90 mL

染色液：

B 液	55 mL
冰醋酸	6 mL
甲醛	6 mL

配方Ⅱ：此配方是在配方Ⅰ的基础上加以改进，为近年来利用最佳的细胞核染色剂。非常适用于植物染色体的压片法。

配方Ⅰ中的染色液	2～10 mL
45％醋酸	90～98 mL
山梨醇(sorbitol)	1.8 g

此染色液配制后呈淡品红色，应放置 2 周后才能达到较好的染色效果，放置时间越长，染色效果越显著。此液室温下存放，可在较长时间内保持其稳

定性。

附表　常用染料(精制)的溶解度(在 26 ℃)

染料名称	溶解度/%		染料名称	溶解度/%	
	水	95％乙醇		水	95％乙醇
苏木精	1.0	30.0	亚甲基蓝	2.75	0.05
番红	5.45	3.41	亚甲基绿	1.46	0.12
坚牢绿-F.C.F	16.04	0.35	碱蓝	0.25	0.25
亮绿-S.F	20.35	0.82	中性红(氧化)	5.64	2.45
结晶紫(碘化)	0.035	1.78	中性红(碘化)	0.15	0.16
结晶紫(氯化)	1.68	13.87	靛青蓝	1.68	0.01
橘红 G	10.86	0.22	苦味酸	1.18	8.93
孔雀绿	7.60	7.52	真曙红(钠盐)	11.10	1.87
苏丹Ⅲ	不溶	0.15	真曙红(镁盐)	0.78	0.52
苏丹Ⅳ	不溶	0.09	真曙红(钙盐)	0.15	0.35
甲基橘红	0.52	0.08	真曙红(钡盐)	0.17	0.04
俾斯麦棕-Y	1.36	1.08	玫瑰红(钠盐)	50.90	9.02
刚果红	不溶	0.19	玫瑰红(镁盐)	20.84	29.10
茜草红-S	7.69	0.15	玫瑰红(钙盐)	3.57	0.45
酸性品红	0.26	5.93	玫瑰红(钡盐)	6.01	1.17
碱性品红	12.0	0.3			

六、常用脱水剂和透明剂

1. 脱水剂

(1)乙醇(ethyl alcohol)　又称酒精,是目前制片技术中最常用的一种脱水剂,实际上它并不是最理想的脱水剂,因为它容易引起组织发生收缩,或使材料变硬不利于切片,而且在脱水后还必须再用其他有机溶剂除尽乙醇,然后

才能与石蜡等包埋剂混合,手续较繁杂。但由于乙醇应用已久,且能大量购买到,价格又较其他脱水剂低廉,在方法上也容易掌握,因此,目前还在普遍应用中。

(2)叔丁醇(alcohol tertiary butyl) 叔丁醇也称三级丁醇,可与水、乙醇及二甲苯等混合,可单独与乙醇混合使用,是目前应用较广的一种脱水剂。此溶剂优点是不会使组织收缩或变硬,同时也不必经过透明剂,并且由于它比熔融的石蜡轻,所以包埋时很容易从组织中除去,应用此溶剂可以简化脱水、透明等步骤。因此已逐渐代替乙醇。

(3)丙酮(acetone) 丙酮可以代替乙醇,它的优点是脱水作用比一般脱水剂都快,但它不能溶解石蜡,所以仍需经过二甲苯或其他透明剂,然后才能进行浸蜡和包埋。

(4)甘油(glycerin) 甘油也是一种良好的脱水剂,尤其对于细小柔软的材料很适合,用甘油脱水可以避免原生质发生收缩现象,但在用甘油脱水前,必须将材料中所含的固定剂完全洗净,否则在包埋及染色时将发生困难。利用甘油脱水,可从 50% 浓度开始,逐渐过渡到纯甘油,再换无水乙醇。

2.透明剂

(1)二甲苯(xylol) 二甲苯是目前应用最广泛的一种透明剂,作用迅速,能溶解石蜡、加拿大树胶,但缺点是易使材料发生收缩变脆。使用时材料必须彻底脱尽水分,否则发生乳状混浊。为了避免材料的收缩,而采取逐步从无水乙醇过渡到二甲苯中的方法。一般是从 2/3 乙醇＋1/3 二甲苯→1/2 乙醇＋1/2 二甲苯→1/3 乙醇＋2/3 二甲苯→二甲苯。二甲苯应更换 2 次,以除尽乙醇。材料在二甲苯中的时间要视材料的大小而定,不宜放置过长,一般1～3 h(染色后的切片,经 5～10 min 即可),否则会使材料收缩或变得硬脆。

(2)氯仿(chloroform) 又名三氯甲烷,火棉胶法的制片,都采用氯仿作为透明剂,石蜡法也可应用,但它的挥发性能要比二甲苯快,氯仿的渗透力较弱,对材料的收缩性也较小,浸渍的时间应予以延长。此外,氯仿能破坏染色,所以对于已经染色的切片进行透明时不宜使用。

(3)丁香油(clove oil) 丁香油为切片经染色后,在用树胶封固以前最好的透明剂,由于价格很贵,应用时往往采用滴剂,处理后多余的可收回再用。经丁香油透明后的制片,尚需经二甲苯处理一下,将组织中的残油除净,否则切片会昏暗不清。另外,丁香油蒸发很慢,如不经二甲苯处理,制片虽放置很长时间,也不易干。

（4）香柏油（cedar oil） 纯的香柏油多用于显微镜的油镜上,普通的常混有二甲苯等,可作为透明剂。它的作用很慢,不易使材料收缩变硬,应用时可从无水乙醇直接放入。此溶剂不易挥发,因此最好仍经二甲苯处理一次,以便除净香柏油,加速石蜡的渗透。

（5）冬绿油（winter-green oil） 冬绿油可作为整体制片的透明剂,尤其对于显示维管系统的制作效果很好。但因此透明剂的渗透力很慢,并具有毒性,平时较少使用。

七、荧光标记实验试剂配方

1. 所需试剂

氢氧化钾,蔗糖,硝酸钾,硫酸镁,硼酸,硝酸钙,氯化钠,氯化钾,磷酸二氢钾,磷酸氢二钠,盐酸,多聚甲醛,PIPES,FITC-tubulin 抗体（微管蛋白抗体）,TRITC-phalloidin（鬼笔环肽）,二甲基亚砜（DMSO）,DABCO,甘油,指甲油,纤维素酶,果胶酶,Triton X-100。

2. 试剂配制

（1）花粉萌发液母液（10 倍）

硝酸钾	0.5 g
硫酸镁	1 g
硼酸	0.5 g
硝酸钙	1.5 g
蒸馏水	500 mL

花粉萌发前用蒸馏水配制 500 mL 花粉萌发液,内含 10％母液、12％蔗糖。

（2）PBS 缓冲液

0.137 mol/L	NaCl	4 g
2.7 mmol/L	KCl	0.1 g
2.7 mmol/L	KH_2PO_4	0.1 g
8.1 mmol/L	Na_2HPO_4	0.575 g
蒸馏水		500 mL

pH 7.2

（3）50 mmol/L PIPES 缓冲液

| PIPES | 7.56 g | 4.536 g |
| 蒸馏水 | 500 mL | 300 mL |

pH 6.9

（4）3.6％多聚甲醛固定液

1.8 g 多聚甲醛溶解于 50 mL 50 mmol/L PIPES 缓冲液内；需 60 ℃加热 1 h 以上，直至多聚甲醛彻底溶解。

（5）1％ Triton X-100 溶液

1 mL Triton X-100 溶解于 100 mL 50 mmol/L PIPES 缓冲液内。

（6）50％甘油

50 mL 甘油溶解于 50 mL PBS 缓冲液内；内含 0.2％ DABCO（抗荧光猝灭剂，Sigma）。

（7）FITC 连接的微管蛋白抗体（FITC-tubulin 抗体）。

抗体购自 Sigma 公司。抗体购买后按每管 5 μm 分装，置于－20 ℃下保存。

使用前用 PBS 缓冲液稀释，工作浓度一般为 1∶60。

（8）TRITC-phalloidin（TRITC-鬼笔环肽）

TRITC-phalloidin 购自 Sigma 公司。购买后加入 0.5 mL 甲醇溶解成母液，置于－20 ℃下保存。使用前用含 1％ DMSO 的 PBS 缓冲液稀释，工作浓度一般为 1∶20。

参考文献

［1］陈涛,虞之龙,张先念,等. 相干拉曼散射显微术. 中国科学:化学,2012,42:1-16.

［2］范路生,薛轶群,王晓华,等. 隐失波荧光显微镜及其在植物细胞生物学中的应用. 电子显微学报,2011,30(1):48-55.

［3］郭亚玉,许会敏,赵媛媛,等. 植物木质化过程及其调控的研究进展. 中国科学:生命科学,2020(2):12.

［4］满奕,李昂,曹德昌,等.受激拉曼散射显微技术在生物科学中的应用. 电子显微学报,2015,34(2):9.

［5］曲绍峰,林金星,李晓娟. FCS/FCCS 技术及其在植物细胞生物学中的应用. 电子显微学报,2014,33(5):461-468.

［6］张普敦,任吉存. 荧光相关光谱单分子检测系统的研究. 分析化学,2005,33(7):899-903.

［7］Bacia K,Scherfeld D,Kahya N,et al. Fluorescence correlation spec-troscopy relates rafts in model and native membranes. Biophys J,2004,87 (2):1034-1043.

［8］Bacia K, Schwille P. Practical guidelines for dual-color fluorescence cross-correlation spectroscopy. Nat Protoc,2007,2(11):2842-2856.

［9］Baskin T I,Busby C H,Fowke L C,et al. Improvements in immunostain-ing samples embedded inmethacrylate:localization of microtubules and other antigens throughoutdeveloping organs in plants of diverse taxa.

Planta,1992,187:405-413.

[10]Baskin T I,Wilson J E,Cork A,et al. Morphology and microtubule organization in Arabidopsis rootsexposed to oryzalin and taxol. Plant Cell Physiol,1994,35:935-942.

[11]Baskin T I,Wilson J E. Inhibitors of protein kinases and phosphatases alter rootmorphology and disorganize cortical microtubules. Plant Physiol, 1997,113:493-502.

[12]Betzig E,Patterson G H,Sougrat R,et al. Imaging intracellular fluorescent proteins at nanometer resolution. Science,2006,313:1642-1645.

[13]Blow N. Cell imaging:New ways to see a smaller world. Nature, 2008,456:825-830.

[14]Chi K R. Microscopy:Ever-increasing resolution. Nature,2009,462: 675-678.

[15]Ding S Y,Liu Y S,Zeng Y,et al. How does plant cell wall nanoscale architecture correlate with enzymatic digestibility? Science, 2012, 338:1055-1060.

[16]Edman L. Theory of fluorescence correlation spectroscopy on single molecules. J Phys Chem, 2000, 104(26):6165-6170.

[17]Fan L,Hao H,Xue Y,et al. Dynamic analysis of *Arabidopsis* AP2 sigma subunit reveals a key role in clathrin-mediated endocytosis and plant development. Development, 2013, 140: 3826-3837.

[18]Freudiger C W,Min W,Saar B G,et al. Label-free biomedical imaging with high sensitivity by stimulated Raman scattering microscopy. Science,2008,322:1857-1861.

[19]Hao H,Fan L,Chen T,et al. Clathrin and membrane microdomains cooperatively regulate RbohD dynamics and activity in Arabidopsis. Plant Cell, 2014, 26:1729-1745.

[20]Hoffman J C,Vaughn K C,Mullins J M. Fluorescence microscopy of

etched methacrylate sectionsimproves the study of mitosis in plant cell. Microsc. Res. Tech,1998,40:369-376.

[21]Hofmann M,Eggeling C,Jakobs S,et al.Breaking the diffraction barrier in fluorescence microscopy at low light intensities by using reversibly photoswitchable proteins. Proceedings of the National Academy of Sciences of the United States of America,2005,102:17565-17569.

[22]Hu F,Shi L,Min W. Biological imaging of chemical bonds by stimulated Raman scattering microscopy. Nature Methods,2019,16(9):830-842.

[23]Joo C, Fareh M, Kim V N. Bringing single-molecule spectroscopy to macromolecular protein complexes. Trends Biochem Sci, 2013, 38 (1):30-37.

[24]Klar T A,Jakobs S,Dyba M,et al. Fluorescence microscopy with diffraction resolution barrier broken by stimulated emission. Proceedings of the National Academy of Sciences of the United States of America, 2000,97:8206-8210.

[25]Li R L,Liu P,Wan Y L,et al. A membrane microdomain—associated protein, *Arabidopsis* Flot1, is involved in a clathrin—independent endocytic pathway and is required for seedling development. Plant Cell,2012,24:2105-2122.

[26]Li X,Wang X,Yang Y,et al. Single-molecule analysis of PIP2；1 dynamics and partitioning reveals multiple modes of *Arabidopsis* plasma membrane aquaporin regulation. Plant Cell, 2011, 23 (10): 3780-3797.

[27]Li X J,Xing J J,Qiu Z B,et al. Quantification of membrane protein dynamics and interactions in plant cells by fluorescence correlation spectroscopy. Molecular Plant, 2016, 9(9): 1229-1239.

[28]Man Y,Zhao Y,Ye R,et al. *In vivo* cytological and chemical analysis of Casparian strips using stimulated Raman scattering microscopy. J Plant

Physiol,2018,220:136-144.

[29]Ma X,Foo Y H,Wohland T. Fluorescence Cross-Correlation Spectros-copy(FCCS) in Living Cells. Fluorescence Spectroscopy and Microscopy: Humana Press,2014:557-573.

[30] Min W,Freudiger C W,Lu S J,et al. Coherent nonlinear optical imaging: beyond fluorescence microscopy. Annu Rev of Phys Chem, 2011,62:507-30.

[31] Rust M J,Bates M,Zhuang X W. Sub-diffraction-limit imaging by stochastic optical reconstruction microscopy(STORM). Nature Methods, 2006,3:793-795.

[32]Sadamoto H,Saito K,Muto H,et al. Direct observation of dimerization between different CREB1 isoforms in a living cell. PLoS One,2011,6 (6):e20285.

[33] Schneckenburger H. Total internal reflection fluorescence microscopy: technical innovations and novel applications. Curr. Opin. Biotechnol., 2005,16:13-18.

[34]Schwille P,Meyer-Almes F,Rigler R. Dual-color fluorescence cro-sscor-relation spectroscopy for multicomponent diffusional analysis in solution. Biophys J,1997,72(4):1878-1886.

[35]Toomre D,Bewersdorf J. A new wave of cellular imaging. In Annual Review of Cell and Developmental Biology, Schekman R, Goldstein L, Lehmann R, eds. (Palo Alto: Annual Reviews),2010,26:285-314.

[36]Toomre D, Manstein D J. Lighting up the cell surface with evanescent wave microscopy. Trends Cell Biol,2001,11(7):298-303.

[37] Wang L, Liu Y M, Li Y. Comparison of F-actin fluorescent labe-ling methods in pollen tubes of *Liliumdavidii*. Plant Cell Reports, 2005,24:266-270.

[38]Wang L,Xue Y Q,Xing J J,et al. Exploring the spatiotemporal organi-

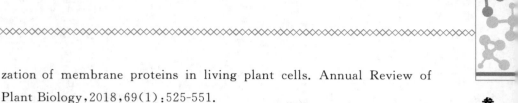

zation of membrane proteins in living plant cells. Annual Review of Plant Biology,2018,69(1):525-551.

[39]Wan Y,Ash W M,Fan L,et al. Variable-angle total internal reflection fluorescence microscopy of intact cells of *Arabidopsis thaliana*. Plant Methods,2011,7:27.

[40]Weiss S. Shattering the diffraction limit of light: A revolution in fluorescence microscopy? Proceedings of the National Academy of Sciences of the United States of America,2000,97:8747-8749.

[41]Willig K I,Rizzoli S O,Westphal V,et al. STED microscopy reveals that synaptotagmin remains clustered after synaptic vesicle exocytosis. Nature,2006,440:935-939.

[42]Xu H M, Zhao Y Y, Suo Y Z, et al. A label-free, fast and high-specificity technique for plant cell wall imaging and composition analysis. Plant Methods,2021,17:29.

[43]Zhao J L,Li X J,Zhang H,et al. Chilling stability of microtubules in root-tip cells of cucumber. Plant Cell Reports,2003,22:32-37.

[44]Zhao Y,Man Y,Wen J,et al. Advances in imaging plant cell walls. Trends Plant Sci,2019,24:867-878.

[45]Zhu N,Yang Y,Ji M,et al.Label-free visualization of lignin deposition in loquats using complementary stimulated and spontaneous Raman microscopy.Horticulture Research,2019,6:72.